冯盈之 胡玉珍 / 著

风从海上来

——宁波服饰时尚流变

红帮文化丛书

主编 郑卫东

红帮

ZHEJIANG UNIVERSITY PRESS
浙江大学出版社
·杭州·

图书在版编目（CIP）数据

风从海上来：宁波服饰时尚流变／冯盈之，胡玉珍
著. —杭州：浙江大学出版社，2022.11
ISBN 978-7-308-23093-3

Ⅰ.①风… Ⅱ.①冯… ②胡… Ⅲ.①服饰文化—文
化史—宁波 Ⅳ.①TS941.12

中国版本图书馆 CIP 数据核字（2022）第 176163 号

风从海上来——宁波服饰时尚流变
FENG CONG HAISHANG LAI—NINGBO FUSHI SHISHANG LIUBIAN
冯盈之　　胡玉珍　著

责任编辑	杨　茜	
责任校对	许艺涛	
封面设计	春天书装	
出版发行	浙江大学出版社	
	（杭州市天目山路 148 号　邮政编码 310007）	
	（网址：http://www.zjupress.com）	
排　　版	杭州青翊图文设计有限公司	
印　　刷	杭州钱江彩色印务有限公司	
开　　本	710mm×1000mm　1/16	
印　　张	14.25	
彩　　插	12	
字　　数	223 千	
版 印 次	2022 年 11 月第 1 版　2022 年 11 月第 1 次印刷	
书　　号	ISBN 978-7-308-23093-3	
定　　价	68.00 元	

彩1　河姆渡文化的陶纺轮

彩3　南宋明州画家周季常、林庭珪《五百罗汉图》之"缝补衲衣"图（日本大德寺藏），反映明州优秀的服饰文化（杨古城提供）

彩2　南宋右丞相"卫国忠献王"史弥远（录自《史氏画册光芒永存》），戴九旒冕冠

彩4 南宋明州画家周季常、林庭珪《五百罗汉图》之"熨斗"图（杨古城提供）

彩5 宁波出土明送子镜（《浙江出土铜镜》）

彩 6　清酒红缎提花对襟儿童马甲（奉化博物馆藏品）

彩 7　清末黑色头箍（宁波服装博物馆藏品）

彩 8　民国初年黑绸缎团花纹对襟马褂（奉化博物馆藏品）

彩 9　20 世纪 30 年代的素色倒大袖短袄（宁波博物馆藏品）

彩 10　20 世纪 30 年代黄缎牵牛花旗袍（宁波服装博物馆藏品）

彩 11　民国八角形儿童围嘴（奉化博物馆藏品）

彩 12　民国红缎绣龙凤纹镶边斜襟童套装（奉化博物馆藏品）

彩 13　民国咖色缎绣花一字襟儿童背心（奉化博物馆藏品）

彩 14　民国蓝布印花斜襟童袄（奉化博物馆藏品）

彩 15　民国大红绸马面裙喜庆礼服（宁波服装博物馆藏品）

彩 16　"宁波同福昌帽厂出品"鸭舌帽（宁波服
装博物馆藏品）

彩 17　20 世纪 50 年代的蓝印花布围裙
（宁波服装博物馆藏品）

彩18　20世纪50年代的毛蓝围胸（宁波服装博物馆藏品）

彩19　20世纪70年代绿底黄花真丝骆驼绒对襟棉袄（宁波服装博物馆藏品）

彩 20　1973 年操练"大刀舞"服饰　（余德富拍摄）

彩 21　奉化布龙表演服饰（奉化文化馆提供）

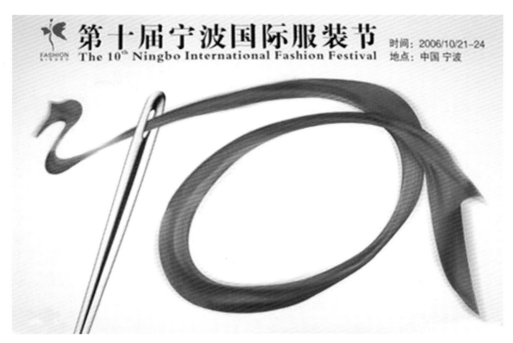

彩22 第10届服装节海报:"穿针引线"

彩23 浙江纺织服装职业技术学院国际学院主办的"2009届服装设计专业学生毕业作品展"在南苑饭店举行

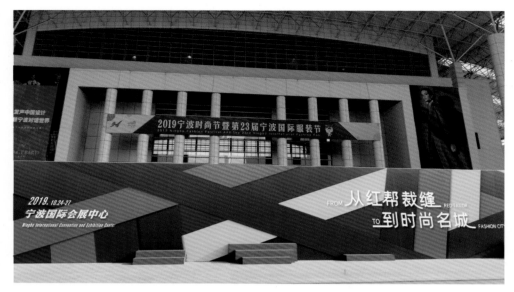

彩 24　2019 年，宁波国际服装节升级为宁波时尚节

彩 25　宁波荣昌祥服饰有限公司 2021 年宁波时尚节展品

总　序

　　党的十八大报告指出："文化是民族的血脉，是人民的精神家园。"党的十九大报告强调："文化是一个国家、一个民族的灵魂。文化兴国运兴，文化强民族强。没有高度的文化自信，没有文化的繁荣兴盛，就没有中华民族伟大复兴。要坚持中国特色社会主义文化发展道路，激发全民族文化创新创造活力，建设社会主义文化强国。"

　　在建设社会主义文化强国，增强国家文化软实力，实现中华民族伟大复兴中国梦的伟大征途上，文化自信是更基本、更深层、更持久的力量。因此，在国际大家庭中，中华民族要想真正立于不败之地，就必须重视并不断挖掘、传承和发扬自己的优秀传统文化，包括中华服饰文化。正如中共中央办公厅、国务院办公厅印发的《关于实施中华优秀传统文化传承发展工程的意见》所指出的那样，要"综合运用报纸、书刊、电台、电视台、互联网站等各类载体，融通多媒体资源，统筹宣传、文化、文物等各方力量，创新表达方式，大力彰显中华文化魅力"。在国家的文化大战略之下，我校组织力量编辑出版"红帮文化丛书"可谓正当其时。

　　红帮是中国近现代服饰业发展进程中一个十分独特和重要的行业群体，也是值得宁波人骄傲和自豪的一张耀眼的文化名片，由晚清之后一批批背井离乡外出谋生的宁波"拎包裁缝"转型而来。20 世纪30 年代，由距今约 7000 年河姆渡文化滋养起来的红帮成名于上海，并逐渐蜚声海内外。如今"科技、时尚、绿色"已成为中国纺织服装产业的新定位,作为国内第一方阵的浙江纺织服装产业正向着集约化、精益化、平台化、特色化发展,宁波也正处于建立世界级先进纺织工业和产生世界级先进纺织企业的重要机遇期。新红帮人正以只争朝夕的时代风貌阔步向前。

红帮在其百年传承中,不但创造了中国服饰发展史上的多个"第一",而且通过不断积淀生成了自己独特的行业群体文化——红帮文化。在中华母文化中,红帮文化虽然只是一种带有甬、沪地域文化特征的亚文化或次文化,但就行业影响力而言,它是中国古代服饰业的重要传承者和中国现代服饰业的开拓者。一个国家的文化印象是由各行各业各个领域的亚文化凝聚而成的,每个人的态度、每个群体的面貌,都会在不同程度上潜移默化地影响这个国家主文化的形成和变迁,影响中国留给世界的整体文化印象。从这个意义上来说,红帮文化当然也是国家主文化的重要构成因子,因为它除了具有自己独特的服饰审美追求,也包含着与主文化相通的价值与观念。

红帮文化是历史的,也是现实的。红帮文化的核心内涵是跨越时代的,今天,红帮精神的实质没有变,反而随着时代的发展有了新的内涵,其价值在新时代依然焕发出光芒。

中华服饰作为一种文化形态,既是中国人物质文明的产物,又是中国人精神文明的结晶,里面包含着中国人的生活习俗、审美情趣、民族观念,以及求新求变的创造性思维。从服饰的演变中可以看出中国历史的变迁、经济的发展和中国人审美意识的嬗变。更难能可贵的是,中国的服饰在充分彰显民族文化个性的同时,又通过陆地与海上丝绸之路大量吸纳与融合了世界各民族的文化元素,展现了中华民族海纳百川、兼收并蓄的恢宏气度。

中华民族表现在服饰上面的审美意识、设计倾向、制作工艺并非凭空产生的,而是根植于特定的历史时代。在纷繁复杂的社会现实生活中,只有将特定的审美意识放在特定的社会历史背景下加以考察才能窥见其原貌,这也是我们今天所要做的工作。

中国历史悠久,地域辽阔,民族众多,不同时代、不同地域、不同民族的中国人对服饰材料、款式、色彩及意蕴表达的追求与忌讳都有很大的差异,有时甚至表现出极大的对立。我们的责任在于透过特定服饰的微观研究,破解深藏于特定服饰背后的文化密码。

中华民族的优秀服饰文化遗产,无论是物质形态的还是非物质形态的,可谓浩如烟海,任何个体的研究都无法穷尽它的一切方面。正因为如此,这些年来,我们身边聚集的一批对中华传统服饰文化有着共同兴趣爱好的学者、学人,也只在自己熟悉的红帮文化及丝路文化领域,做了一点点类似于海边拾贝的工作。虽然在整个中华服饰文化研究方面,我们所做的工作可能微不足道,但我们的一些研究成果,如此次以"红帮文化丛书"形式推出的《红帮发展史纲要》《宁波传统服饰文化》《新红帮企业文化》《宁波服饰时尚流变》《丝路之绸》《甬上锦绣》,对于传播具有鲜明宁波地域文化特征及丝路文化特征的中华传统服饰文化,具有现实意义。

3

总序

本套丛书拟出版 6 本图书,其基本内容如下:

《红帮发展史纲要》(已出版)主要描述红帮的发展历程、历史贡献、精湛的技艺、独特的职业道德规范和精神风貌,并通过翔实的史料,认定红帮为我国近现代服装发展的源头。

《宁波传统服饰文化》(已出版)以宁波地域文化和民俗文化为背景,研究宁波服饰的文化特色,包括宁波服饰礼俗、宁波各地服饰风貌,以及服饰与宁波地方戏曲、舞蹈等方面有关的内容。

《风从海上来——宁波服饰时尚流变》以考古文物和遗存为依据,划分几个特征性比较强的时代,梳理宁波各个历史时期的服饰文化脉络,展示宁波服饰时尚流变。

《新红帮企业文化》从数千个宁波纺织服装企业中选择雅戈尔、太平鸟、博洋、维科等十几个集团作为样本,描述了宁波新红帮人在企业文化建设方面的特色和成就，揭示了红帮文化在现代企业生产、经营、管理等各项活动中所发挥的积极作用，展示了红帮文化长盛不衰的独特魅力。

《丝路之绸》以考古出土的或民间使用的丝绸织物（包括少量棉、毛、麻织物）为第一手材料，结合相关文献，讲述丝绸最早起源于中国，然后向西流传的过程，以及在丝绸之路上发生的文明互鉴的故事。

《甬上锦绣》以国家非物质文化遗产"宁波金银彩绣"为研究对象，从历史演变、品类缤纷、纹样多彩、工艺巧匠、非遗视角5个方面进行探讨。

概括地讲，本套丛书有两大特色：一是共性特色，二是个性特色。共性方面，都重视对史实、史料、实物的描述，在内容编排上也都力求做到图文并茂，令读者赏心悦目；个性方面，无论是在内容组织上，还是在语言风格上，每位作者都有自己的独创性和只属于自己的风采，可谓"百花齐放、各有千秋"。总之，开卷有益，这是一套值得向广大读者大力推荐的丛书。事实上，我们也计划每年推出一本，在宁波时尚节暨宁波国际服装节上首发，以增强其传播效果。

习近平总书记在全国教育大会上特别强调，要全面加强和改进学校美育，坚持以美育人、以文化人，提高学生审美和人文素养。高等学校是为国家和社会培养人才的地方，通过文化建设教会学生并和学生一起发现美、欣赏美、创造美，也是贯彻落实德智体美劳全面发展教育的一项重要举措。浙江纺织服装职业技术学院是一所具有时尚纺织服装行业特色的高等职业技术学校，又地处宁波，打造校园红帮文化品牌，推进以红帮精神为核心的红帮文化在新时代的传承与创新，是我们义不容辞的教育责任和社会责任。

本丛书既是我们特色校园文化建设的成果，也是宁波区域文化以及时尚文化的成果。所以，我们做这样一套丛书，除了宣传红帮文化，并通过申报"红帮裁缝"国家级非物质文化遗产来提升红帮文化的社会影响力，也是为了把校园文化、产业文化、职业文化与地方文化做一个"最佳结合"的载体，推介给广大教师和学生，供文化通识教育教学使用。

本丛书是由浙江纺织服装职业技术学院文化研究院与宁波市奉化区文化和广电旅游体育局联合成立的红帮文化研究中心组织实施的一项文化建设工程，每位作者都以严谨、科学的态度，不断修改、完善自己的作品，并耗费了大量宝贵的个人时间和心血。在此，我谨代表本丛书编委会向各位作者表示最衷心的感谢！此外，一并感谢浙江大学出版社给予的帮助，感谢宁波时尚节暨宁波国际服装节组委会提供平台并给予大力支持。

郑卫东

2020 年 6 月 30 日

于浙江纺织服装职业技术学院

5

总

序

本书序
宁波时尚文化的岁月记忆

古代时尚面料出宁波

古时宁波曾称明州。唐代的明州有一条巷子,叫纺丝巷,是官营织锦坊的所在地,地址就在今天宁波市开明街和南大路交合处的三角地,这个地方,是当时世界时尚的发源地之一。

《光绪鄞县志》在"纺丝巷"条目中作案语说:"鄞自唐至宋皆贡绫。巷盖为贡绫时,杼柚郡聚之。"杼柚(轴)为旧式布机上管经纬线的两个部件,"杼柚郡聚之",说明在纺丝巷聚集有大批织锦布机在织丝织品。唐代这里的官营锦坊生产的吴绫和交梭绫,是专供皇室贵族制作服装用的面料,也供岁时赐与,堪称当时唐代面料的时尚名品。

据载,唐代纺丝巷官营织锦坊丝织品的花式十分丰富多彩。从丝织物的品种来看,有绫、锦、绢、绸等数十种。尤其是吴绫、交梭绫不仅质量好、品种多,而且色泽鲜艳。各种贡绫,是一种主要用于夏季穿着的衣料,轻飘精美,鲜艳夺目,穿着凉爽,朝中认为"质量之好,世上少有"。

唐代宁波生产的丝绸销往日本后,被称为"唐绫",受到日本朝野的喜爱。其除远销日本外,还通过海上丝路输往高丽、印尼、柬埔寨、越南等国家。

明清时期，宁波还生产深青宁丝、白生丝、平罗纱、白绉纱、红线，青熟线及白丝、农丝、荒丝等五素丝纱。清末，鄞县樟村、密岩一带，年产生丝 5 万余斤，不但丝产量大，而且丝织技术极高，所产的"吴绫"被称一绝，清代著名学者全祖望所写的《吴绫歌》诗云：

　　　　未若吴绫夸独绝，大花璀璨状五云。

　　　　交梭连环泯百结，濯以飞瀑之赤泉。

　　　　……

　　这首诗形象地描绘了"吴绫"的"独绝"，反映了当时宁波丝织技术的高超水平。

　　除了精美的丝织品，古宁波还出产有棉麻名品。宋时，明州麻织品已极为著名，如象山女儿布，与平江府（今苏州）昆山药斑布、江西虔布齐名。象山所产苎布，因质细而被称为"女儿布"，誉驰四明地区，亦有远输海外。

　　南宋末，宁波地区已种植棉花，而元代植棉业和棉织业更是繁盛。《元一统志》有记录说："余姚有小江布，今出彭桥。"余姚"小江布"又称"余姚老布""细布""越布"。因余姚旧属越地，故余姚土布又称之为"越布"。早在东汉时期，余姚生产的"越布"就闻名全国。据载，宋绍兴十六年（1146）时，就产布 7.7 万匹，元代时又以"小江布"风靡全国，至清代则更是"家家纺纱织布，村村机杼相闻"。到了明清时期，则有"浙花出余姚"之说。清代诗人高杲在《棉花》诗中写道：

　　　　四月始下种，

　　　　七月花开陇。

　　　　白露一零雪球拥，

　　　　松江淮北棉不重。

浙花出余姚，

群芳谱中特选挑。

"西装东装，汉装满装，庞杂不可名状"

清末民初，我国城市男子服饰"西装东装，汉装满装，应有尽有，庞杂不可名状"，这种服饰的多样性延续至 20 世纪 20 年代时，在宁波城镇的表现，是男士传统的长衫、马褂与中山装、西装并存，中西合璧的套装——长袍、礼帽、西式裤、皮鞋配伍，庞杂亦不可名状，穿着的人亦很自信，引领一代潮流。同时，知识分子和青年学生喜欢穿的一种简便的西服，被称为"学生装"。

柔石于 1929 年写作出版的小说《二月》中有一段关于萧涧秋的描写，说他"身穿者一套厚哔叽的藏青的学生装，姿势挺直。足下一双黑色长筒的皮鞋"。《二月》描写的江南小镇芙蓉镇，一般认为其原型就是 1924 年柔石任教过的普迪小学所在地慈城镇。

这时的女子服饰更是呈现出丰富多彩的景象。创修于 1933 年的《民国鄞县通志》在叙述有关宁波人衣饰方面的改变时说："五十年前敦尚质朴，虽殷富之家，皆衣布素，非作客喜事，罕被文绣者。海通以还，商于沪上者日多，奢靡之习，由轮舶运输而来，乡风为之丕变。私居燕服亦绮罗，穷乡僻壤通行舶品。近年虽小家妇女，亦无不佩戴金珠者。往往时式服装，甫流行于沪上不数日，乡里之人即仿效之，有莫之能御矣。"

上海的服饰现象在宁波有最直接的反映，如当时妇女的头饰——发髻，受上海影响，时常变化。《民国鄞县通志》特别提道："其初被纷如蝉翼，曳于脑后谓之假后鬓，后即以己发为之，其翼蝉缩而短小，谓之真后鬓。洎苏沪之风侵入，改为蟠髻，谓之上海头，亦曰大头。清季或效日妇之装，倒挽前额之发作半环形而蟠髻于顶。及辛亥革命则加髻于前额，谓之兴汉头。旋废而为双鬟垂于脑后，旋又改为一髻。"

到20世纪20年代，女子流行穿着上衣下裙，上衣有衫、袄、背心；款式有对襟、琵琶襟、一字襟、大襟、直襟、斜襟等。领、袖、襟、摆等处多镶滚花边，或加刺绣纹饰。衣摆有方有圆，宽瘦长短的变化也较多。至于发型，盘发成横S形，称"爱司头"，亦有前额留刘海，前刘海的样式，也不完全一样，有一字式、垂丝式、燕尾式等。

此时，改良旗袍开始流行，20世纪30年代，变化丰富，变化主要集中在领、袖及长度，先是流行高领，渐而又流行低领，甚至流行起没有领子的旗袍，旗袍的袖子及长度也很多变。

20世纪40年代，在女子间，还盛行手工编织毛衣，于是，于旗袍外着对襟毛衣，亦是当时的一种风尚。当时风行一时的，还有一种美国产的化纤长袜，在宁波被称为"玻璃丝袜"。宁波滩簧老剧目《王阿大游宁波码头》有这样的唱词："长筒丝袜玻璃做，高跟皮鞋木屐拖"，时尚之风可见一斑。

宁波老话折射宁波服饰文化变迁

宁波有悠久的服饰文化，其服饰潮流的变迁，在宁波老话中，也有很多体现。

有的用服饰形象地比喻人。比如"大襟布衫"，本义为一种前襟盖住胸前的传统服装，通常从左侧到右侧，盖住底衣襟。一般小襟在右，大襟在左，大襟从左向右覆盖小襟，一直伸到右腋下侧部，然后在右腋下系扣。在宁波话中，因"大襟"与"驮进"（拿进）谐音，所以用大襟布衫借喻一心只想拿进钱物的人。从前，在宁波各地，穿着大襟布衫是很普遍的。

有的直接反映外来服饰文化的影响，比如"司卫铁"一词，说的是一种针织绒衣,是英语"sweater"的音译,又称"卫生衫";又如"派克大衣",即风雪大衣,是英语"parka"的音译。

有的直接记录了传统服饰现象。比如"粘头树",是一种叫"粘头树杆"的刨花,将其浸泡在水里后,就成了黏性的液体,旧时妇女梳头以其汁水抹头发,利于梳理定型,且散发出淡淡的芬芳,还具有润发乌发之功效。"粘",宁波老话读"泥"。"粘头树"原料是榆树,在宁波用"粘头树"比较普遍。

有的则折射出服饰审美观念的变迁。有些老话描述的打扮,在过去,宁波人是持反对态度的,现今却比比皆是,而且正在成为一些流行的现象,最典型的莫过于"长袍短套"——短裙内穿长裤,如今正成为一代潮流,就是所谓"打底裤",如今堂而皇之横扫当今大街小巷;而那些"红裙绿夹袄"的"俗气"配色,"李太君婆"式的不配套,也早已经见怪不怪了,因为这可以叫作"混搭",如今正引领着时尚。

Contents >>>>
目 录

风
从
海
上
来
——
宁
波
服
饰
时
尚
流
变

第一章　源头·萌芽
——原始社会时期宁波服饰文化

第一节　服装起源的几个观点

服装指穿于人体,起保护和装饰美化作用的制品,其同义词有"衣服"和"衣裳",在现代服装学中,又和"服饰"一词通用。那么服装是怎样出现的呢?

服装是人类衣、食、住、行不可缺少的一部分,是构成人类生活的重要因素,也是人类物质文化的重要组成部分。服饰的产生与发展,同人类的政治、经济、生产状况,文化、思想、道德、审美观念的演变发展,习俗的传承,各民族的文化交流,生产技术的发展及材料的更新密切相关。同时,服饰又更深地受到不同历史时期人类精神文化的影响与制约。一部服饰史,可以说是以上诸因素的综合反映。从历史发展的角度看,它是一个流动着的,有着分明时代性、民族地域性、风俗性及艺术性的综合文化现象。它是一定历史时期内人们精神文化活动与物质文化生活的一面镜子。服装本身是一种文化,同时又是文化的载体。

根据科学家的研究结果推测,地球上出现人类的时间,始于约两百万年之前。当初的人类体表覆有体毛,具有自然防护的机能,可适应环境的生态变化。人类经过长年累月的进化过程,体毛逐渐退化脱落,露出表皮。为了适应气候的变化,保护身体不受风霜的侵袭,不受外物、野兽的伤害,人类想到利用生活资源,达到保暖、防御伤害的目的,而创造了服装。

古代人把身边能找到的各种材料做成粗陋的"衣服",用以护身。人类最初的衣服是用树叶、兽皮制成的,包裹身体的最早"织物"是用麻类纤维和草制成的。在原始社会阶段,人类开始进行简单的纺织生产,采集野生的纺织纤维,搓绩编织以供做衣服用。随着农、牧业的发展,人工培育的纺织原料渐渐增多,制作服装的工具由简单到复杂不断发展,服装用料品种也日益增加。织物的原料、组织结构和生产方法决定了服装的形式。用粗糙坚硬的织物只能制作结构简单的服装,有了更柔软的细薄织物才有可能制作出复杂而有轮廓的服装。

是什么原因导致了服装的起源,众说纷纭,至今还未形成定论。其中比较有代表性的观点有以下三个①:

一是保护说。其观点是服装的起源是人类为了适应气候环境(主要是御寒)或是为了保护身体不受伤害。按照进化论的观点,人类是从猿进化来的。猿显然是不穿衣服的,由猿到人的进化,伴随着这样一点变化,那就是毛发的脱落。随着毛发的脱落,皮肤裸露,这样皮肤就容易受到伤害。另外,裸露的皮肤在冬天也会受到寒冷的侵袭,人们就找来一些东西裹在身上,于是服装便产生了。

二是装饰说。其观点是服装的起源是人类想使自己更有魅力,想创造性地表现自己的心理活动,把服装的起因归结为人类很早就开始装饰自己。其中包括护符说、象征说、审美说等。

三是遮羞说。其观点是把服装起源归因于人类的道德感和羞耻感。

当然还有一些其他的观点。一般认为,服装起源来自保护说和装饰说的综合。

由于服装起源的真实证据不可能从史前文化中找出,这些观点当然都只是理论上的解释而已。

---

① 刘玉堂,张硕.长江流域服饰文化[M].武汉:湖北教育出版社,2005.

总之,人类的出现及人类文明、人类社会的发展是服装起源最根本的原因。没有人类文明的发展,就没有服装。

第二节 新旧石器时代的遗存发现

考古工作者在辽宁海城小孤山洞穴发现的穿孔骨针,年代距今约 2 万—4 万年,是中国迄今发现的最早的骨针遗存。利用骨针、骨锥缝纫兽皮制衣,在旧石器时代晚期并不鲜见。

图 1-1　山顶洞人骨针

约在 18000 年前,北京山顶洞人已懂得缝制皮衣的技术,出土的一枚骨针长 8.2 厘米,针身略弯而圆滑,是经刮磨制成,显然已非初始作品(见图 1-1)。山顶洞遗址还发现了穿孔的兽牙、海蚶壳,钻孔的石珠等装饰品。

旧石器时代晚期,黄河流域和长江流域都已初步形成了最原始的服饰造型样式和服装意识。

进入新石器时代,缝制服装更加广泛地流行,还出现了骨梭、纺轮等编织衣料工具。河姆渡遗址也出土了距今约 7000 年的骨锥 58 件,骨针 15 枚,管状针 12 枚,还有木纺轮,以及用于纺织的木纬刀和骨纬刀。

在较长时间使用树叶、草叶、兽皮等为制作服装的材料之后,人们渐渐发明了以葛为制作服装的原料。

葛为江南一种野生植物,也就是今天南方常见的葛藤,它生长于山间野岭,长达数米至数十米不等,表皮坚韧,但放入沸水中煮过之后,就会变软,并可从中抽出白而细的纤维来,这种白色纤维正是古代人用来编织衣服的材料。各地新石器时代遗址,有用植物加工成的各种布料出土,如江苏省苏州市吴中区草鞋山遗址曾出土了我国已知最早的纺织品实物残片,经科学鉴定,其纤维原料为野生葛,这种葛布残片被考古工作者确认为约 6000 年前新石器时代的遗物。

浙江吴兴钱山漾遗址出土了4700多年前的苎麻织物残片,有麻布、丝线、丝带和绢片。这说明除葛以外,麻也是古代长江流域常用的制作服装的材料。麻布为苎麻织物,当时的纺织技艺已经相当高明。更值得一提的是,在浙江吴兴钱山漾遗址中,考古工作者还发现了一些丝织品实物,其中包括丝绢、丝带和丝线等。经科学鉴定,这些都是以家蚕丝作为原料纺织而成的。它们是目前所见丝织品中年代最早的实物,可见采桑养蚕、抽丝织锦,在4700多年前已经是制作衣料的一种途径。种种迹象表明,新石器时代中晚期以来,我国原始先民的衣着,不仅有羽皮制品,还有韧皮类植物纤维麻、葛织物等制品,育蚕缫丝、织而衣之,衣料来源可谓多种多样。

第三节　以河姆渡文化为中心的考察

河姆渡是个古老的渡口,东距宁波市区25千米,西离余姚市区24千米,著名的新石器时代遗址——河姆渡遗址就位于它的北岸。1973年夏天发现的河姆渡遗址,是20世纪中国最重要的考古发现之一。该遗址以其久远的年代、丰富的文化内涵及保存完好的文物资料震惊了学术界,引起世界广泛的关注。

在20世纪50年代至80年代宁波市区域内所调查发现的40多处遗址,河姆渡文化遗址除了河姆渡遗址本身,在宁波大地上,还有慈溪童家岙,余姚鲻山、鲞架山、田螺山,宁波慈湖、慈城小东门、八字桥,鄞县(现为鄞州区)辰交,奉化名山后,象山塔山,诸暨次坞楼家桥,舟山白泉等50多处遗址。其中鲻山、鲞架山、田螺山、井头山、慈湖、小东门、八字桥、名山后、塔山、楼家桥、白泉等遗址已经过科学发掘和试掘。这些遗址的考古挖掘,为我们考察河姆渡时期的服饰文化提供了可贵的实物遗存与研究线索。

一、河姆渡文化中的服装纤维与纺织工具

1. 从编结到纺织

纺织业的出现是以编结工具、技术的发展为前提条件的。从出土的实物残片来看,河姆渡文化的编结技术比较发达,主要有编织苇席和搓绳等。

(1) 编织

在河姆渡遗址曾出土百余件苇席残片,小者如手掌,最大可达 1 平方米以上(见图 1-2)。苇席也称苇编。苇席的加工方法相当成熟,是以当地湖沼中生长的芦苇为原料,截取苇秆,剖成宽 0.4～0.5 厘米的扁形长篾条,篾条大多修整细薄、规整,粗细一致,厚薄均匀。编织时一般以 2 条篾为一组,也有以四五条

图 1-2 河姆渡新石器文化遗址出土的苇编残片

或 6 条为一组的,竖经横纬,依次编织而成,这样编成的苇席基本上是经纬垂直的斜纹或人字纹。由苇席的编结、编织、搓捻、结网,我们可以联想到日常生活中的席子、篮子、炕席、筐、网、笼、草帽……这些说明编织物在河姆渡已相当有规模。

目前可见的中国最早的编织遗物,是在宁波河姆渡文化井头山遗址中发掘的编织容器,距今已有约 8000 年之久。

2019 年 9 月始开始进行考古发掘的井头山遗址,距今 7800—8300 年,属于河姆渡文化。

在井头山遗址出土了编织的容器,类似鱼篓,出土了"席子",还出土了不少编织物(见图1-3)、绳子的原料(芦苇秆、芒草秆、一些植物纤维等)。因为深埋地下,所以好几千年前的编织物得以保存。

从井头山到河姆渡,宁波乃至中国的纺织服饰文明向前跨了1000年。

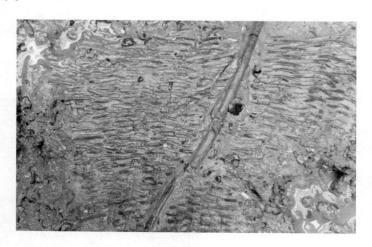

图1-3 井头山遗址出土编织物

(2)搓绳

搓绳也是编织技术的一种。河姆渡遗址发现数段粗细不一的绳,粗者如手指,直径约1.2厘米,是由三股植物纤维搓成;细者直径约0.2~0.3厘米,由两股植物纤维搓成。据专家考证,粗绳是用韧性较好的树藤、树枝做的,较细的是用葛、麻之类的长纤维揉搓软后搓成绳子,说明河姆渡人在从事生产活动时,早已对某些葛、麻等野生植物纤维的性能积累了一定的认识。河姆渡出土绳子的外观与今天人们合掌搓成的绳子差别不大。别看一个"搓"字,实际上是纺织原理中的"加捻",用双手搓绳就是最原始的加捻方法,无论是原始的纺轮、纺织机械还是近代的纺锭,都离不开河姆渡人发明的"搓动原理"。

绳子的"搓动原理"成就了纺线技术,苇席的"编织原理"成就了织布技术,由此河姆渡人就是最早的"纺织原理"的掌握者(见图1-4、图1-5)。

图 1-4　苎麻绳索残件　　　　图 1-5　河姆渡出土的绳子

（3）纺织工具

更为重要的是遗址中还出土了许多珍贵的纺织工具，品种繁多而齐全。河姆渡文化遗址出土的纺织工具数量之多、种类之丰富，在业已发掘的中国新石器时代遗址中较为罕见，足见其在纺织史中的地位和作用。

主要的纺纱工具、织布工具有陶纺轮、石纺轮、骨经轴、骨梭形器、骨机刀、木绞纱棍和木卷布棍（见图1-6）。

图 1-6　经轴（上）和梭形器（下）

①纺纱工具

主要是捻线用的纺轮，出土数量很多，大多数是陶纺轮（见图1-7）。陶纺轮都以手捏而成，外形比较规整，表面多数没有花纹装饰，形状以扁平圆形、断面矩形者为主，亦有断面工字形和梯形的。遗址发现的一件陶纺轮，一面阴刻圆涡纹，另一面阴刻植物叶纹；另一件一面用弧线刻出多组五角星纹，另一面无纹（见图1-8、图1-9）。

图 1-7 陶纺轮

图 1-8 扁圆陶纺轮

图 1-9 刻有藤纹的陶纺轮

②织布工具

河姆渡发现一大批大小不同的硬木棍,断面圆形,有的一头削尖,另一端修平或磨圆;有的两头都削尖;也有的一端或两端都加工成小榫。这些尖头木棒和带榫小木棒,大多是原始织机上的定经杆、综杆、绞纱棒、分经筒之类的部件(见图1-10、图1-11)。梭是织纬的工具之一,起着引纬穿经的重要作用。河姆渡曾出土数件以鹿角磨制而成的梭形器,其中有件梭锋较尖,后端磨出一周突棱,梭身正面凿两个长方形孔,与背面所凿的长方形凹槽相通。另一件梭身微微弧形,通体磨制得匀称光滑,中部有一倒钩,梭锋圆钝。机刀,也称纬刀或打纬刀,是织纬时用于击纬,使之紧密均匀的织纬工具,一般多以硬木制成,背厚刃薄。机刀较修长,大小有两种。较小者,一侧厚而平直,另一侧较薄,斜刃,长16.3厘米,宽2.6厘米;另一种形似大刀。布轴,也称卷布轴,是原始织机上的重要部件。布轴的长度与人的腰部宽度相近,两端大都有缺口或凹槽,以便拴系腰带及防止布轴转动,便利织布。河姆渡遗址发现的少量残木齿状器,推测是梳整经纱和固定经纱用的器物。这表明河姆渡人已使用原始织机,其操作过程依次是立刀引纬—用机刀打纬—提综开口—立刀引纬;再以机刀击纬—放综立刀—引纬打纬,如此一升一降反复进行(见图1-12、图1-13)。

机刀亦称纬刀或打纬刀,是织纬后用于击纬,使之紧密的织纬工具之一。图1-11中的骨机刀磨制光滑,一端穿有一个小孔,横断面呈弧形。骨机刀的骨料取之于大型兽类的肋骨。

图1-10 河姆渡遗址出土的骨梭、骨机刀等

图1-11 骨机刀

图1-12 河姆渡文化角质梭形器

注:正面挖凿出一条长条形凹槽,槽长4.5厘米,宽0.8厘米。背面挖掘两个长方形凹槽,槽长1.5~1.7厘米,宽1.5厘米,皆与正面长槽相通。后端亦经磨错,一圈有突棱。

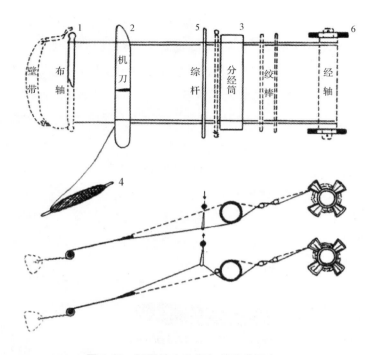

图 1-13　河姆渡文化织机部件装置复原

2. 蚕纹刻画与对蚕桑的初步认识

河姆渡遗址出土的一件牙雕器,起初定名为盅,后经过反复研究易名为杖饰(见图 1-14)。该器的出土,为蚕桑起源的时间和地点带来了新的

图 1-14　蚕纹象牙杖饰

证据。杖饰的表面刻有蠕动的蚕，蚕身的环节数与家蚕相同，应是当时家蚕的写照。意味深长的是，器表还刻有丝织物模样的几何形图案，暗示杖饰上的蚕与此有关。由于河姆渡遗址的年代距今约 7000 年，要比钱三漾遗址早得多，因此有专家认为，我国最晚在 7000 多年前就发明了蚕桑。河姆渡人不但发现了搓动原理、加捻纺线原理、编织原理、织布原理，掌握了纺织技术，还发明了纺织机，因此河姆渡是丝绸文化的摇篮。不过，上述的发现只能间接地证明当时已开始认识蚕桑了。

二、河姆渡文化中的宁波先民服饰

1. 衣着装束

（1）缝纫工具

缝纫工具，主要是骨针和一些细小的骨锥、管状针及小石锛等。骨针数量较多，长短不一，大小与现代缝麻袋的钢针相近，一般都磨制得较精巧细致，后端小针眼孔径仅 0.1 厘米左右，这就要求缝纫用的线质量较高，不但要细，而且要软而韧，这从侧面反映了当时纺织业的发展。骨锥是用动物肢骨剖开后磨成，一般都较细长，锋部尖锐。管状针是用禽类肢骨制成，中空，锋部大都磨成斜状，后端也常有针眼。河姆渡遗址出土少量磨制特别精细的小石锛，用以裁剪兽皮或纺织品。

（2）衣着材料

从河姆渡遗址出土的大量石锥、石纺轮、陶纺轮、骨锥、骨梭，骨针、麻织布片及大量陶片上的麻织物印痕等实物考证，麻织物的源头至少可追溯到 1 万多年以前的新石器时代。

在田螺山遗址的挖掘中，专家发现了一个线团，这个发现不仅证实了 6500 多年前先民已经能够将麻类植物纤维纺成线，还可能将它们织成布。而骨针的出土，让我们相信田螺山先民应该已经有了不错的衣服，不仅可以蔽体，还可以扮靓自己。

2. 发式头饰

(1) 头饰

① 骨笄

古籍中曾提到,古代越人有"断发文身"的习俗,河姆渡正是地处古代越人的居住区,河姆渡人是否也断发文身,这是人们普遍关心的话题。从遗址出土的骨笄看,当时的人们既不断发,也不披发,而是束发,骨笄就是束发用具。其中几件骨笄上还刻有美丽的线纹和弦纹,一来为增加摩擦力,以防其从发间脱落;二来为美丽(见图1-15)。小小骨笄受到如此重视,可见人们对自身头发的钟爱。由此联想遗址出土的几件骨质锯状器,猜想当时也可能作为人们整理头发时用的梳子。另外,在遗址发掘中,还出土了不少陶制人头像,有的头像顶端有一排小圆孔,由此推测,河姆渡人在束发以后,还有插戴鸟羽等其他饰物的习俗。

图1-15 河姆渡出土的刻纹骨笄

注:此件骨笄基本呈圆柱形,一侧作平面,圆形部分刻横线纹间少许短斜线纹,刻纹较细,笄尾端有两个对称的浅涡孔,涡孔两侧亦有三角形斜线纹。

傅家山遗址也有笄出土,看上去不但磨制光滑,而且在后半部刻画了类似弦纹、斜线纹、编织纹、几何纹等组合纹饰。

河姆渡遗址早期地层有出土束发之骨笄,在晚期地层才几乎不见,说明了这个区域发式的演变。

3. 人体装饰

(1) 耳饰:耳玦

河姆渡遗址在距今6500—7000年的第四文化层中出土了20余件用

粗玉制成的玉器,其中有玉玦 6 件,器形大小不一。直径较大的一块为绿色,缺口较大;最小的一件直径 2.2 厘米,为紫红色,缺口尚未完全断离,可能是件半成品。出土的玉玦皆光素无纹,光滑细腻,剖断面呈椭圆形。[①]据目前所知,这是我国已发现的最早的玉玦实物。[②]

玉玦外形如一只带缺口的扁圆环,一般外径 2.8 厘米、内径 0.8 厘米、厚 0.3 厘米,器形规整,磨制精细,圆环断面呈椭圆形,为典型的耳饰(见图 1-16)。一般认为,使用玉玦时,以小缺口卡住耳垂即可。但也有学者认为,先在耳垂上穿孔,而后将玦穿过小孔坠在耳朵上,形同今天的耳环。在我国,也确实有类似的装饰。姑娘在幼年时,便在耳垂上穿一小孔,将玦类饰品穿过小孔,随着年龄的增大,耳孔越坠越大,玦也越换越大,并且以此为美。

图 1-16　田螺山遗址出土的随葬品玉玦

（2）颈饰

在河姆渡遗址第三和第四文化层出土了一些璜、管、珠等装饰品。圆形的小骨珠是串饰。玉石制的玦、璜、珠,呈晶莹半透明状,有的有淡绿色光泽,有的呈暗红或灰白色。玉璜和玉珠可组成串饰,佩戴在胸前或挂在脖子上。此外,还发现一些以兽类的獠牙或犬齿、鹿角和鱼脊椎骨制成的小装饰品。

①　浙江省文物管理委员会,浙江省博物馆.河姆渡遗址第一期发掘报告[J].考古学报,1978(1).

②　杨伯达.中国古代玉器面面观[J].故宫博物院院刊,1989(1).

①玉(石)璜

长条形,呈圆弧状弯曲,一般长 4～4.5 厘米,宽 0.6～0.8 厘米,厚 0.3～0.5 厘米,一端钻有小孔,通体磨制精细。

②石珠

呈扁圆形,大小不一,大的长 2.1 厘米、外径 1.3 厘米;小的长 1.8 厘米、外径 1 厘米,磨制光滑,中间有对钻小孔,孔径 0.3～0.4 厘米。

③石管

呈腰鼓形,大者长 3.5 厘米、外径 2 厘米,中间也有对钻小孔。

④骨珠

用鱼脊椎骨磨去两边骨棘制成,中间钻有小孔。

⑤牙(角)饰

多为獐牙,也有虎牙和野猪獠牙加工制作而成。一般牙根部位磋磨平整,根部或中部常刻一道或数道凹槽,有的牙根部还钻有一个小圆孔。

这里的璜、管、珠、环等装饰品大多用玉(假玉)和萤石制成,这些材料一般采自四明山腹地的芝岭。"石之美者,玉也",足见玉的不凡。我国古代素以美石为玉,还往往赋予玉以美好、圣洁的意义,"宁为玉碎,不为瓦全""玉石俱焚"等成语也表现出我国古代人民对玉的崇尚和喜爱,河姆渡遗址玉器的出现表明中华民族用玉历史之悠久。萤石多呈半透明,在阳光下闪烁着淡绿的光彩,晶莹可爱。这些饰品佩在胸前或挂在脖子上,荧光闪闪,相碰撞时叮当作响,看得到也听得见,河姆渡人选择它们制作人体装饰品,真是慧眼独具!

图 1-17 傅家山遗址萤石环

傅家山遗址可复原的出土器物中的玉石器也有璜、环、玦、坠,多是挂在胸前的装饰品(见图 1-17、图 1-18、图 1-19、图 1-20)。

图 1-18　孔形圆整的珠及管

图 1-19　象山县塔山遗址出土玉玦(新石器时代,约公元前 4000 年)

第一章　源头·萌芽——原始社会时期宁波服饰文化

图 1-20 经过加工的半成品玉器

注:田螺山遗址考古现场中挖掘出一个玉器加工场,并从中清理出 40 多件萤石器和玉器。这处加工场并不大,但其中遗留有大量先人加工过的萤石和玉器,特别是几件半成品玉器,从打磨痕迹上可以看出先人高超的加工技术。

4. 原始木屐

1988 年,在宁波江北区慈城镇的慈湖新石器时代遗址考古发掘中出土了两只木屐,被考古界认定为重要发现(见图 1-21)。两只木屐均前宽后窄,圆头方跟,左脚屐长 21.2 厘米,5 孔;右脚屐长 24 厘米,6 孔。孔之间挖有凹槽,据推测是用绳子穿过小孔嵌于槽内和足面系牢的。据碳-14 测定,慈湖木屐距今已有 5500 年,为河姆渡文化时期慈城人的鞋子。这一发现,将中国木屐的历史往前推进了 3000 年! 这是迄今中国乃至世界发现的第一古屐,也是中国乃至世界最早的鞋类实物。木屐是原始先民为适应江南气候炎热、潮湿等自然环境而创造的一种鞋具,慈湖出土的木屐复原图见图 1-22。

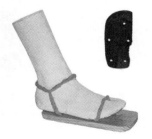

图 1-21 慈湖新石器时代遗址出土的木屐　　　　**图 1-22 慈湖木屐复原**

第二章 发展·多彩
——古代宁波服饰文化

第一节 "越布"名闻全国
——夏商周至秦汉

一、鄞与句(gōu)章的兴起

1.吴越争霸,鄞和句章逐渐兴起

《国语越语》说:"勾践之地,东至于鄞。"《清类天文分野之书》称:"吴败越于夫椒,及吴平,更封勾践东至于鄞。"[①]

勾践"卧薪尝胆",于公元前 474 年灭吴以后,在东部开拓建城,名曰句章,成为越国重要的军港和商港。2009 年 6 月 1 日,宁波市文物考古研究所公布了一批句章古城重大考古成果,出土了人面纹瓦当(见图 2-1)等文物,确认宁波历史上最早的城市——句章古城的具体位置,位于今江北区慈城镇王家坝村一带。

鄞与句章的兴起,是宁波先民人口增长、经济发展的结果。

---

① 转引自乐承耀.宁波古代史纲[M].宁波:宁波出版社,1995.

图 2-1　出土的古句章城人面纹瓦当(中国宁波网 2009 年 6 月 2 日)

2. 秦置鄞、鄮、句章三县

均属会稽郡下辖。鄞县的区域包括今宁波的海曙区和今鄞州区西南境及奉化、象山一带,县治设在今奉化白杜。鄮县的区域包括今宁波江东区鄞州区东乡、北仑区及舟山群岛,治所设在宝幢附近的鄮山同谷,即今五乡镇同岙村,旧称鄮廓。句章县包括今宁波市江北区、慈溪市东部、余姚市东部、镇海区、北仑区东部,县治位于今慈城镇城山渡。

秦亡后,汉袭秦制,增设余姚县(现为余姚市)。

3. 商业经济的发展

商品交换形成了一定规模,海外贸易有所发展。今天的鄮东一带,海外商人络绎不绝地带来货物来这里经商。为此,鄮东一带为"贸"地,附近的山称"贸山"。《光绪鄞县志》曾引《十道四藩志》称,"以海人持货贸易于此,故名,加邑为鄮"。

考古文物发现了外地输入的水晶、玛瑙、琥珀、琉璃等饰件,说明商品交换的渠道是十分广阔的。宁波古港在汉代已具有一定的规模,而且随着交通贸易的发展,已成为"市"的活动中心,这个活动中心为后来的港城的形成奠定了基础。

二、手工纺织的兴起

1. 越国的手工纺织业

春秋时期,越国先败于吴,越王勾践采纳"忧积蓄"、"劝农桑"之策,"身自耕作,夫人自织",激励境内男女老幼努力耕桑。《越绝书》载:"勾践罢吴,种葛,使越女织治葛布,献于吴王夫差。"葛草织的服饰,色泽鲜艳、耐用美观,当时就有歌谣:"葛之蔓兮舒长条,为絺为绤纤且调,当暑是服轻飘飘!"春秋战国时期,越国都城成为葛布、麻布生产中心,始有"越布"之名。不仅如此,当时民间的丝绸业也已相当普遍。勾践主张种桑养蚕,丝绸品种有帛、丝、罗、縠、纱等,这些纺织品是当地农民自给自足的自然产物,有传说西施溪边浣纱,可见其普及性。

秦代,秦始皇东临碣石,留有"男乐其畴,女修其业"之辞;汉以农桑为本,东汉王充系"孤门细族","以农桑为业",时缯、帛、越布为上品。

2. 四明手工业的进步

如上所述,春秋时期隶属越国的鄞、句章的纺织业已经比较兴盛,文物考古同样也证明了这一点。一些出土的西周、春秋战国时代的遗址发现了纺织工具,如钱岙遗址(鄞州区)就出土过石纺轮。

秦汉时期,四明以纺织为主的手工业有所发展。"东汉就曾经以征收绢帛等丝织品向农民索取家庭手工业品,四明农民除了消费以外,被迫纺织以完成国家的征敛。"① 余姚在东汉时期所产"越布"名闻全国。祖关山汉墓中保留了麻织物、丝织品。

---

① 乐承耀.宁波古代史纲[M].宁波:宁波出版社,1995:35.

三、考古发现的妆饰概貌

根据现代服饰学的概念，以下所指的妆饰的范围，包括发饰、耳饰、颈饰、臂饰、首饰及冠帽、镜梳、脂粉等。

1. 耳饰

用耳饰打扮自己，最早记录于《山海经》："青宜之山宜女，其神小腰白齿，穿耳以鑐。"《三国志》中诸葛恪言："穿耳贯珠，盖古尚也。"

古代耳饰中最早出现的是"珥"，又叫充耳，是古时男女共用的佩饰。珥由珰和坠珠两部分组成。有横贯全身的细孔，可以穿线，用来系一珠或一耳坠子。珰的形状作滑车或绞盘状，也有作蘑菇状的。《仓颉篇》：珥，珠在珥也。耳珰垂珠者曰珥。按，玉之似珠圆者。《后汉书·舆服志下》："珥，耳珰垂珠也。"简而言之，就是系有坠饰的耳珰。汉魏时期的妇女，一般佩珥珰（见图 2-2）。

奉化尚桥中心粮库等汉代到西晋遗址出土"琉璃耳珰"，研究人员认为，墓主人把琉璃耳珰带进墓室，说明她非常喜爱这件饰品，也说明"琉璃耳珰"是当时流行的饰品。

钱大山等东汉墓中也出土有 5 粒玛瑙耳坠。耳坠表面非常光洁，其中一枚两头磨成圆角形，色彩鲜艳，小巧精致，造型美观。

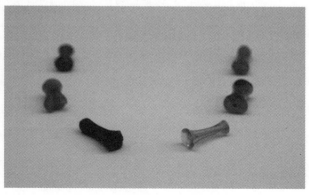

图 2-2　耳珰

2. 首饰

钱大山等东汉墓中出土有银指环。

3. 佩饰

佩饰是用绳子穿系其上的穿孔,挂于身上的装饰品,包括圆形带孔的璧、瑗、环及由圆形器分解而来的璜(见图2-3、图2-4)。据《尔雅·释器》:"肉倍好谓之璧,好倍肉谓之瑗,肉好者一谓之环。"文中的"肉"指玉质部分,"好"指孔部。意思就是边宽孔小者为璧,孔大于边者为瑗,边与孔径相等的为环(现代概念大孔细边为环,与古代不同)。鄞州区横溪钱岙商周遗址出土有"石璜"、"石瑗"。璜,在古代多用于佩挂饰件,是贵族身份与权位的象征。

图 2-3 钱岙商周遗址出土石瑗

图片来源:林士民:《再现昔日的文明:东方大港宁波考古研究》,
上海三联书店 2010 年版。

图 2-4 钱岙商周遗址出土石璜

图片来源:林士民:《再现昔日的文明:东方大港宁波考古研究》,上海三联书店 2010 年版。

4. 带饰

东汉墓发掘出了铜带钩。

带钩一物在中国的出现,最早可上溯到西周晚期至春秋早期。只要把带钩勾住革带另一端的环或孔眼,就能把革带勾住。带钩使用起来非常方便且美观。古文献记载了这样一个故事:春秋时齐国管仲追赶齐桓公,拔箭向齐桓公射去,正好射中齐桓公的带钩,齐桓公装死躲过了这场灾难,后成为齐国的国君。他知道管仲有才能,不记前仇,重用管仲,终于完成霸业。

带钩从西周末、春秋初被采用,到魏晋时为带镭所取代。

5. 化妆用品

钱大山等东汉墓中出土了成套化妆用品。有照面的神兽铜镜、画眉用的黛砚、磨研石(碳晶棒组成)。这不仅是浙江省首次出土,而且在全国也是罕见的(见图 2-5)。

图 2-5　黛砚、研磨石

图片来源:林士民:《再现昔日的文明:东方大港宁波考古研究》,上海三联书店 2010 年版。

6.麻织物、丝织品

祖关山汉墓出土有成组的洗、灯、釜、甑、镳斗、酒盅、镜、虎子等青铜器。此外,还有漆器、铁器、麻织物、丝织品、琥珀、玛瑙和琉璃制作的各类装饰品共计1124件。

7.铜镜

人类最早是利用平静的水面映照自己的容貌的。后来人们用青铜铸造了一种器物,盛水照脸,这种器物称为"鉴"。新石器时期的齐家文化遗址中已有了铜镜实物。在河南殷墟的妇好墓中发现了青铜镜,距今3200多年。

春秋时代铜镜是贵族享用的奢侈品。从战国开始,随着青铜铸造技术的提高和普及,铜镜的数量多了起来,成了日常化妆用品。在西汉年间,人们开始用铜镜作为男女爱情的象征和信物,取"心心相印"之寓意。生前互相赠送,表明"朝夕相伴";死后随之埋入墓中,以示"生死不渝"(见图2-6、图2-7)。

图2-6 奉化白杜出土的东汉方枚神兽镜

图片来源:王士伦、王牧编著:《浙江出土铜镜》,文物出版社2006年版。

图 2-7　奉化萧王庙后竺村安山头出土的东汉神人车马画像古镜

　　注：铜镜直径 21.7 厘米，厚 1.35 厘米，圆纽座，座外围饰一周连珠纹，在内区饰以东王公、西王母和车马等主题纹饰，外区饰为一周勾云与简易四神相间的饰物，两圈饰纹中间刻有一圈铭文——"砥作镜，四夷服，多贺国家人民息，胡虏殄灭天下服，风雨时节五谷熟，长保二亲得天力，乐无已。"

　　图片来源：王士伦、王牧编著：《浙江出土铜镜》，文物出版社2006 年版。

第二节　"海上丝路"传"唐绫"
——六朝至隋唐

一、社会经济

　　六朝时，鄮、鄞、句章、余姚四县划区稳定不变，所变化的是统辖的州和国。

　　晋时，宁波的"商贾已北至青、徐，南至交广"。到了隋唐时期，宁波（当时称明州)城市形成,经济迅速发展,丝绸业、瓷器业等相当发达。宁波是当时中国东南沿海有名的贸易港,宁波商人已经到日本岛进行贸易活动。

二、纺织业

1. 三国时期纺织技术的进步

三国时期的吴国在后宫设置有"织室",在宫廷织室中从事织络的有句章妇女。《三国志》中说:"吴主权潘夫人,会稽句章人也。父为吏,坐法死。夫人与姊俱输织室,权见而异之,召充后宫。"①潘夫人姊妹"俱输织室",表明句章妇女纺织技术进步,能从事精工细织。

2. 唐代丝织业水平提高

唐代官府丝织业有一套严密的组织系统,机构十分庞大,几乎遍及地方各个州郡。明州就设置过官营织锦坊,地址就在今天宁波市开明街和南大路交合处的三角地"纺丝巷"。《光绪鄞县志》在《纺丝巷》条目中,作案语说:"鄞自唐至宋皆贡绫。巷盖为贡绫时,杼柚郡聚之。"杼柚(轴)为旧式布机上,管经纬线的两个部件,"杼柚郡聚之",说明在纺丝巷聚集有大批的织锦布机在织丝织品,反映了唐代明州官营的织锦坊生产活动的情况。官营作坊的主要产品有吴绫和交梭绫,作为贡品,专供皇室贵族官僚服用,也供军队消费和岁时赐予。《新唐书》有明州"土贡吴绫、交梭绫"的记载。《唐六典》也载有明州贡吴绫、交梭绫、纻布的内容。

唐代明州的官营丝织业生产,从花色品种到工艺技术多有所革新,丝织品的花式丰富多彩。从丝织物的品种来看,有绫、锦、绢、绸等数十品。尤其是吴绫、交梭绫有较高的质量,不仅品种多,而且色泽鲜艳。

---

① 乐承耀.宁波古代史纲[M].宁波:宁波出版社,1995.

绫，是一种斜纹织物，质地轻薄精美的丝织品。白居易《缭绫》诗中有这样的句子："中有文章又奇绝，地铺白烟花簇雪。"

自唐至元各代地方志籍均记载，宁波所产的各种贡绫是一种主要用于夏季的衣料，轻飘精美，鲜艳夺目，穿着凉爽，受到朝中君臣的赞扬，认为其质量之好，世上少有。唐代时，宁波生产的丝绸，包括江苏一带生产的丝绸销往日本后，被称为"唐绫"，受到日本朝野的喜爱。正如日本学者藤原定家在《明月记》中所说："近年来，无论上下各色人等，均喜穿'唐绫'，于是命都城织工仿织'唐绫。'"这种"唐绫"的纺织技术很快在由宁波（当时称明州）至日本的港口——博多港盛行起来，其成为日本古代丝绸业的中心，并把这种纺织法称为"博多织"，还在社会上出现了"唐绫"的仿制品。宁波的丝织品除远销日本、高丽外，还输往吉蔑（今柬埔寨）、安南（今越南）、波斯（今伊朗）等国家。

清代著名学者全祖望所写的《吴绫歌》，曾描绘过明州丝织品的工艺技术。诗中说①：

> 吾乡布帛最寥寥，一纯再苎三越葛。
>
> 次之枯竹杆草褐，鸦青枣红亦佳物。
>
> 未若吴绫夸独绝，大花璀璨状五云。
>
> 交梭连环泯百结，濯以飞瀑之赤泉。
>
> 蜀江新水不足埒，浃月四十又五红。
>
> 上为辅座补衮阙，女野光芒烛帝室。
>
> 一自杨使君，惠民请改折，年来林村产，
>
> 报章笑下劣，空传古巷名纺丝。
>
> 络纬萧寥不足述，吁嗟蚕织日已拙。

从全祖望所夸的吴绫和交梭绫中，可以看出明州人民在唐代时丝织

---

① 转引自乐承耀.宁波古代史纲［M］.宁波：宁波出版社，2005.

技术已具有较高的水平。

　　当然,所贡的丝织品中,除官府的织造以外,还有民间的织造。按唐的租庸调法,明州农民必须缴纳绢布,因此纺织业已成为农民重要的手工业,农妇在自己家中从事丝织业的生产,以完成官府所分派的织造任务。

　　从现有资料看,唐代四明地区纺织品已有出售的现象。织妇完成官府交办的任务之后,可以出售某些产品。一些妇女依靠纺织来维持一家人的生活。比如,宁海有个汪氏的妇女,丈夫死后,她依靠"纺织以养其亲"。

三、考古发现的服饰现象

1. 祖关山古墓群

　　祖关山古墓群发现唐大中四年徐夫人纪年墓,为唐代中晚期,从墓内随葬器物看,有33枚开元通宝和带有唐代风格木俑的服饰、发型,木俑在宁波的唐墓中为首次出土。随葬品中还有粉盒。

2. 唐代墓葬石刻人像

　　唐代墓葬石刻人像于2005年在镇海庄市砖窑厂出土(见图2-8)。石像高度约80厘米,肩宽26厘米,腰宽18厘米。穿戴全副盔甲,盔甲外部罩有披风,在胸前打了个蝴蝶结。双手呈上下姿势拄剑。人像面目威严,身材魁梧,双唇紧抿,额头突出一块,经放大观察后,居然是"第三只眼",也就是传说中的阴阳眼,古人认为可以通阴阳。专家认为石像独特的上下持剑姿势反映出产生年代至少在唐朝以前,唐朝后的持剑姿势为双手前后握剑。另外,面部轮廓、眼睛、嘴巴、服装等的塑造,都反映出隋唐时代的某些特点。

图 2-8　庄市出土唐代石像

四、"海上丝绸之路"繁盛

海上丝绸之路,是古代中国海外贸易的连接延伸,中国著名的陶瓷、茶叶、丝绸和铁器,经由这条海上交通路线销往各国,西方的香料也通过这条路线输入中国。

宁波是我国著名的"海上丝绸之路"始发港和兴盛港之一。

明州(港),自古繁华商埠,与海外的"对话"最早始于东汉,唐显庆四年(659),日本第四次遣唐使团在越州鄮县港口登陆,也就是说此时的鄮县港已成为国际性港口。这是宁波"海上丝绸之路"具有划时代意义的大事,应视为宁波"海上丝绸之路"形成的主要标志。开元二十六年(738)建立明州,长庆元年(821)州治迁置三江口,是宁波"海上丝绸之路"形成后进一步发展的历史必然。

第三节 《耕织图》誉驰天下
——两宋时期

一、宁波崛起

由唐至宋,宁波城市从一个相对落后的边缘地区逐渐发展成为一个以州城为中心的亚经济区域。

自南宋建都临安(杭州),政治经济重心南移,明州(南宋理宗时,把明州改为庆元府)成为东南重镇。宋高宗以后,担任明州地方官的,大都是身居高位的侍郎甚至亲王之流。其间,宁波人任宰相、尚书等大官的很多。

宋代的明州港海外贸易发展很快,当时与广州、泉州、杭州并列为全国四大贸易港口。北宋淳化三年(992),朝廷就在今宁波市区设置市舶司,管理国际贸易事务。此外,许多外事机构也纷纷建立,例如位于今东门外奉化江沿岸的来远亭,专为外国旅客办理签证入境手续。外国使馆,例如高丽、波斯等使馆,也在城内建立。据乾道《四明图经》所说:"南则闽广,东则倭人,北则高句丽,船舶往来,物贸丰衍",宁波俨然成为一个国际都市。宁波的快速发展,一是有赖于区域经济的进一步开发,二是依靠朝廷对海外贸易的重视。

自两宋以来,宁波人开始重视学术文化的建设,而且取得了重要的成就。两宋时期的宁波学者,首推北宋的"明州庆历五先生"(杨适、杜醇、楼郁、王致、王说)和南宋的"甬上淳熙四先生"(杨简、袁燮、舒璘、沈焕)。他们培养了一批人才,开创了四明兴学重教的好风气。南宋时,明州既是当时的重镇,也是经济文化中心之一,而南宋也处于"浙东文化"的开创时期。两宋以后成为中国学术文化的一个中心。

两宋时期明州对外交流繁荣,特别是与日本经济文化交流繁荣。两宋期间,中日佛教文化交流盛事可谓频繁,来鄞参禅求法的日僧共计22批次,鄞县僧人应邀赴日弘法有8批次之多。

二、蚕桑养殖业与棉麻种植业

宋朝吴潜在《高桥舟中》指明了庆元种植麦、桑之利:

小麦青青大麦黄,海乡风物亦江乡。

篮铺蚕种提归急,肩夯牛犁出去忙。

春涨半篙波潋滟,晓山一带色微茫。

东风客子思归切,不待啼鹃也断肠。

宋诗人李光在《越州双雁道中》也写道:

晚潮落尽水涓涓,柳老秧齐过禁烟。

十里人家鸡犬静,竹扉斜掩护蚕眠。

宋代的棉花种植也有了发展。南宋末浙东已开始种植棉花。《元一统志》有一条记录说:"余姚有小江布,今出彭桥。"因此,南宋时姚北地区已产棉花是无疑的。在此后的700余年间,随着植棉技术水平的不断提高,慈溪成为浙江的重点产棉区,有"浙江棉仓"之称。

同时,麻在四明各地普遍种植。

三、纺织业

1. 丝织业

北宋时,南方的丝织业逐渐胜过北方。两浙、川蜀地区的丝织业最为发达。李觏描述当时江南地区丝织业的盛况时说:"平原沃土,桑柘甚盛,蚕女勤苦,罔畏饥渴。……茧簿山立,缫车之声连甍相闻。非贵非骄,靡不务此。……争为纤巧,以渔倍息。"

慈溪石堰村曾留下陆游的诗迹《石堰村》:

木落山不蔽,水缩洲自献。

寒日晚更明,村巷曲折见。

小妇鸣机杼,童子陈笔砚。

农家虽苦贫,终胜异乡县。

君看宦游子,岂无坟墓恋。

生死在故乡,切勿慕乘传。

王应麟在《七观》(《四明七观》)中记载了庆元地区妇女从事丝织的情况:

其下桑土,蚕绪茧纯,红女织綵,交梭吴绫。

丝织品不仅有吴绫、交梭绫作为贡物,所产的大花绫也特别精美、有特色。全祖望曾说:"南湖有织纱巷,吴绫则南宋贡物。"他还作有"新纱织就过吴绫,缓带桥东百练轻"的诗句。

2. 棉、麻纺织

明州麻织品已极为著名,如象山女儿布与平江府(今江苏苏州)昆山药斑布、江西虔布齐名。象山所产苎麻布,因质细而名为"女儿布",誉驰四明地区。

随着植棉区的扩大,南宋棉织品在全部纺织品中的比重有所上升。随着木棉布的推广,自古相传的麻布即布的概念也发生了变化,南宋后期的谢维新说:"今世俗所谓布者,乃用木棉或细葛、麻苎、花卉等物为之。"

四、宋天封塔地宫发掘的饰物遗存

1. 发饰

（1）方胜作为吉祥物在宋代仍然受到喜爱，它是连绵不断、同心相连的象征，是女子头上美好的发饰，也是情人互赠的佳礼。天封塔地宫出土方胜三件，均为银质，作双菱形交叠之状，以细密的连珠为地纹，配以镂空状的花纹（见图2-9）。

图2-9　涂金方胜

图片来源：林士民：《浙江宁波天封塔地宫发掘报告》，《文物》1991年第6期。

（2）凤簪（见图2-10）。

图2-10　涂金凤饰

图片来源：林士民：《浙江宁波天封塔地宫发掘报告》，《文物》1991年第6期。

（3）银钗（见图2-11）。

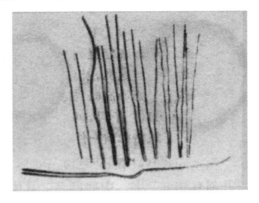

图2-11　银钗

图片来源:林士民:《浙江宁波天封塔地宫发掘报告》,《文物》
1991年第6期。

2.项饰

天封塔地宫还出土了一件涂金项饰,呈半环状,环的正中刻有一小
孩,两边镌刻有牡丹花,做工都很精细(见图2-12)。

图2-12　涂金项饰

图片来源:林士民:《浙江宁波天封塔地宫发掘报告》,《文物》
1991年第6期。

3.首饰

天封塔地宫也出土了一些银镯(见图 2-13)。

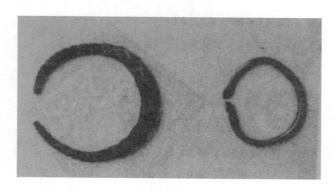

图 2-13　银镯

图片来源:林士民:《浙江宁波天封塔地宫发掘报告》,《文物》
1991 年第 6 期。

五、南宋石刻群服饰规制与《史氏画册》冠服

(一)南宋石刻群服饰规制考察①

东钱湖南宋神道石刻遗址公园集中了南宋、元、明、清四朝的石雕
200 余件,其中以南宋神道石刻数量最多,约占总数的 75%,是我国
迄今已知规模最大、艺术最精的南宋墓道石刻艺术群,填补了中国美
术史、中国文化考古史中南宋时期的空白。它对于研究南宋汉族文化
艺术的继承发展、墓葬制度、衣冠服饰、雕塑、工艺美术及民俗等都有
独特的价值(见图 2-14)。

---

①　本部分照片除署名外,均由余赠振摄于南宋石刻公园。

图 2-14　东钱湖南宋石刻遗址公园一景

1. 文臣服饰

（1）冠帽

冠服制度约形成于夏商，至周逐步完善。秦汉以后冠的形制不断花样翻新，制作也更考究。这些大都是为了标识身份地位。

①进贤冠（"梁冠"）

进贤冠也叫梁冠。它是中华服饰艺术史上重要的冠式，在汉代已颇流行，上自公侯、下至小吏都戴进贤冠。《后汉书·舆服志下》："进贤冠，古缁布冠也，文儒者之服也。前高七寸，后高三寸，长八寸。公侯三梁，中二千石以下至博士两梁，自博士以下至小史私学弟子，皆一梁。"在唐宋法服中仍其保有重要地位，但形式也在变化之中，到明朝演变为梁冠。在我国服装史上，进贤冠沿用了1800多年，形制几度变易。南宋一般官员按官阶大小戴不同梁数的进贤冠（见图 2-15、图 2-16、图 2-17）。

进贤冠的特点是窄边冠沿、冠上缀后倾梁柱、冠沿缀带系结、冠后为沿边平齐且高耸过顶，为半包围结构。这种冠式即大体符合史载"后方而前圆，后昂而前俯"的冠冕之制。在冠前和冠外边两侧及冠沿处，往往对称地施以精细的云纹、朵花等，冠前梁柱有三梁、五梁之分，以五梁者为最。

图 2-15　戴五梁冠文臣

图 2-16　戴三梁冠文臣

图 2-17　无梁冠

图片来源:杨古城、龚国荣:《南宋石雕》,宁波出版社 2006 年版。

②"诸葛巾"

"诸葛巾"即纶巾,相传为三国时诸葛亮所创,所以又称"诸葛巾"(见图2-18)。宋陈与义《晚晴野望》诗云:"洞庭微雨后,凉气入纶巾。"

（2）方心曲领

方心曲领是一个上圆下方,形似锁片的装饰,套在项间起压贴作用,防止衣领臃起,寓天圆地方之意。此件装饰在东钱湖南宋石刻文官中必用,但有三种形制:

图 2-18　戴诸葛巾的文臣

①中心有方孔。

②仅在中心画一条横线。

③中间有"万字"纹,与墓主人生前礼佛有关。

可见方心曲领与梁冠的使用一致,也是宋代官阶地位的标志。在图2-19中,史弥远的"方心"大而中心有方孔。

图 2-19　"方心曲领"

（3）腰带

腰带分为有饰、无饰。官阶高者,带饰华贵、繁复,在石刻群中只有两尊有此类饰品(见图 2-20)。

图 2-20　玉带带饰以及套挂上面的绶结

2. 武将服饰

武将全套装备,是有其原因的——时至南宋,因为"渡江后,东南地多沮洳险隘,不以车为主……而属意甲胄、弧矢之利矣"(《宋史·兵志》)。为使 30 万战士披坚执锐以御强敌,绍兴三年(1133 年)提举制造军器所便以"七十工造全装甲"最省人力,而乞以全装甲为定式,并规定整套甲胄共用 1825 块甲片,以皮线穿联,总重量为 50 宋斤(约合 32 公斤)。图 2-21为全身披挂武将。

图 2-21　全身披挂武将

（1）兜鍪。圆形兜鍪，上缀长缨，左右嵌护耳，颈裹披巾。

（2）披膊。臂缀双重披膊，均为虎头形披膊。特点是：粗角圆目硕鼻，獠牙巨齿，上颌宽大，下颌阙如，犹如巨口衔臂，整体看上去颇类似于饕餮纹。宽阔袍袖的打结垂于肘下（见图2-22）。

图 2-22　虎头形披膊

（3）甲。身甲长形同短齐头甲，下及膝部，甲片皆为锁子连缀法，前片作对襟式，以甲带束勒。

（4）护心镜。背后佩戴一块金属的护心镜（见图2-23）。

图2-23　史渐墓道武将甲上护心镜

（5）护腰。腰部加护腰，腰下左右加一块膝裙。

（6）吊腿。小腿处加吊腿。

（7）纹饰。腰际革带饰朵云，披膊前片正中的串珠花饰带、周边为细密的联珠纹及褶边，内褶窄袖上有美丽的宝相、精制的花叶、流畅的卷云等。披膊身甲和腿裙袖口周镶花边，胸前有优美的披巾和雕刻毕肖的甲带与朵云环，还有或简或繁的手上护背。

（8）靴。足蹬虎头靴，虎头憨厚稚拙（见图2-24）。

图 2-24　虎头靴

3. 整体仪容风貌

东钱湖南宋墓道石刻群的主人是当时的望族史氏,有"满朝文武,半出史门""一门三宰相"之说。由于墓主身份显赫,雕刻风格也显得崇高、庄严、肃穆和典雅。东钱湖石刻,以江南人长方清秀的脸型为主,眉眼细而高挑,五官分布合度,无论文官武将,身躯皆以瘦削修长者为最,从而展示出宋朝"郁郁乎文哉"的总体风貌,以及宋代士人特有的自然淡泊、空心澄澈、清静高雅、宠辱不惊的精神面貌(见图 2-25)。

图 2-25　东钱湖南宋石刻博物馆门厅

(二)《四明史氏》冠服考察①

服饰文化遗产中,实物和图像是最为重要的形象化的历史文明信息。宁波东钱湖南宋石刻群有近 200 件南宋墓前石刻存世。但石刻受材料和雕刻限制且仅有宫廷仪卫的形象,难以反映南宋文臣武将更多的历史规制的服饰信息。史氏后人编写的《四明史氏》第三部分中有《史氏画册光芒永存》,是非常难得的文献遗产,是研究宋代服饰规制的又一珍贵资料,真实而具体地反映了南宋时代士大夫衣冠服饰规制的信息(见图 2-26)。

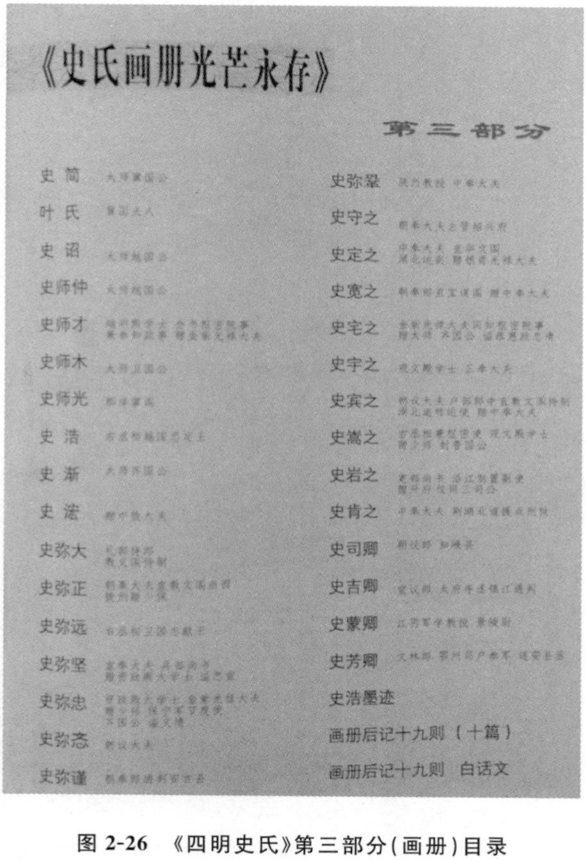
《史氏画册光芒永存》

第三部分

史简
叶氏
史诏
史师仲
史师才
史师木
史师光
史浩
史渐
史涞
史弥大
史弥正
史弥远
史弥坚
史弥忠
史弥忞
史弥谨
史弥巩
史守之
史定之
史宽之
史宅之
史宇之
史宾之
史嵩之
史岩之
史肯之
史司卿
史吉卿
史蒙卿
史芳卿
史浩墨迹
画册后记十九则(十篇)
画册后记十九则 白话文

图 2-26 《四明史氏》第三部分(画册)目录

① 杨古城.南宋史氏祖像的年代和冠服考[J].浙江纺织技术学院学报,2007(1).

1. 冠

《礼记·冠义》称："冠者,礼之始也,是故,古者圣王重冠。""冠而后服备,服备而后容体正、颜色齐、辞令顺。"就是说,戴上礼冠之后,才能做到容貌体态端正,颜容和悦,言辞顺达。所以古人把戴冠看成是一种"礼"。冠服制度约形成于夏商,至周逐步完善。秦汉以后冠的名目和形制更加复杂。

(1)在《史氏画册光芒永存》(《四明史氏》第三部分,以下简称《画像》)31幅画像中,南宋四明史氏的显要官员,戴冕冠的为史浩和史弥远,戴五梁七梁进贤冠的19人,戴幞头乌纱帽的9人。

① 冕冠

冕,《说文》中说:"大夫以上冠也,邃延垂旒(liú)纮纩(kuàng)。"冕的本义是古代帝王、诸侯及卿大夫所戴的礼帽(宋朝以后只有帝王才能加冕)。延,又写作綖,是一块长方形的板。邃的意思是深远,这里指其长方形的延覆在头上。冕上系白玉珠,称旒,又写作瑬,是延的前沿挂着的一串串小圆玉。以旒数多寡为等差,天子挂十二旒。

史浩官至右丞相,封"越国忠定王";史弥远官拜右丞相,封"卫国忠献王"。所以,戴冕冠,加冕九旒。"九旒"为仅次于皇帝十二旒的最显贵规制。

《画像》中的越王史浩和忠献王史弥远头戴通天冠(见图 2-27)。两者又有区别,史弥远是五梁通天冠上加冕板和九旒,通天冠中心有金制的博山。

图 2-27　戴九旒冕冠右丞相"越国忠定王"史浩

②进贤冠

《画像》中 19 位进贤冠,属一品二品七梁冠的有 11 位,其余都为五梁冠。

宋代规制之中进贤冠五梁或七梁在额前饰有博山、金蝉的,画像中有 15 位官员。此外,在冠的顶部还有一支象征性的"立笔",而有 13 位的进贤冠外又罩有薄如蝉衣的笼巾,而笼巾上又饰有 2～3 只金玉制的蝉和一串貂尾,有深刻的文化内涵。《后汉书·舆服志下》引汉应劭语:"以金取坚刚,百炼不耗;蝉居高,饮洁,口在腋下;貂内劲悍而外温润。"又说:"蝉取其清高饮露而不食;貂紫蔚柔润而毛彩不彰灼(zhuó)。"蝉取义为高洁、清虚。"貂蝉",就用作达官贵人的代称。成语"貂蝉满座",旧指冠爵多而滥(见图 2-28)。

立笔,又名簪笔,是一象征性的古制,延续到明代,官级愈高愈弯折。

图 2-28 太师齐国公史渐,进贤冠外笼巾,饰"貂蝉"

③幞头乌纱帽

幞头乌纱帽是用乌纱制作的圆顶官帽,东晋宫官已戴之。唐代帽后用软翅,宋代改为硬翅,据说为避免官员交头接耳。《宋史·礼制》规定:"国朝之制,君臣通服平脚。"而帝皇二脚上翘,小官吏二脚下垂,一般中等官吏二脚平直。《画像》中的戴乌纱帽者都为平脚的中等官吏。图 2-29 中史弥谨戴的是平脚乌纱帽。

图 2-29 朝奉郎通判安吉县史弥谨,戴平脚乌纱帽

④方心曲领

《画像》31 幅画之中,着"方心曲领"礼仪朝服者 21 位,但史简、史韶、师仲、师木、师光等仅是小官或根本未做官,因此这是因受子孙的显贵而封赐的礼仪之服。穿着圆领便装套衫无方心曲领者 9 人,女式对襟 1 人。而"方心曲领"是宋明官员中的礼仪饰物,相当于现代服饰的锁片或领带夹,起到固定领口的作用。此件装饰在东钱湖南宋石刻文官中必用,宋代列为朝会时文官的必备。此物是一种用白罗和金属制成的领口附件,但《画像》画册中,史弥远的"方心"大而中心有方孔,其他仅在中心画一条横线,一律都是白色,可见方心曲领与梁冠的使用一致,也是宋代官阶地位的标志,自汉代直至唐宋辽金明,至清代则废。

2.服色

作为组成服饰美的重要形式要素,色彩从来是人们构成形式美的强有力的手段,在中华服饰文化中占有举足轻重的地位。中国服饰色彩的使用,以深色为贵,浅色次之,按周代奴隶主贵族的传统,色彩有尊卑的区别,青、赤、黄、白、黑是正色,象征高贵,正色是礼服常用的色彩。

而中国古代服色制度大变革是从隋朝开始的,隋大业六年(610)隋炀帝下诏书:"贵贱异等,杂用五色。五品以上通着紫袍,六品以下兼用绯绿,胥吏以青,庶人以白,屠商以皂,卒以黄。"将常服纳入服色制度,强调以不同色彩来区别不同的等级,官阶高者衣紫衣绯,官阶低者衣青衣绿,官阶高低,一望而知,这种格局,宋元明时期都没有多大变化。

《画像》中着朱衣者22位,朱领紫衣者是2位王者;着青白衣者6位。按宋代规制,"三品以上服紫,五品以上服朱,九品以上青",宋代梅尧臣诗中"鸿雁正来翔,竞看朱服俨",宁波民谚"满朝朱紫贵,尽是四明人",可见服饰的色彩规制也是十分严谨的。

我国文化和科技部门关于宋代冠服规制的收藏品和文献资料相对较少,特别是南宋时代,江南多雨潮湿的环境,使南宋的遗存更难以完好保存。《画像》的幸存正好填补了学术界对于南宋衣冠服饰研究的缺憾。

六、明州楼璹《耕织图》和摹本《蚕织图》

楼璹(shú)(1090—1162),南宋两浙路明州鄞县人,字寿玉。楼璹在任于潜知县之职时,常常深入民间了解农桑实情,感叹农夫蚕妇的辛劳,于是以连环图的形式,绘制成《耕织图》上呈朝廷。宋高宗甚为欣喜,并亲自召见了他,一时间,人人传诵,名动朝野。

由于《耕织图》以写实手法详尽描绘了农耕、蚕织的全过程,图文并茂、通俗易懂,很适合作为劝课农桑的宣传材料,因而受到了历代朝廷的提倡和百姓的欢迎。南宋时,几乎各州、县府的墙上都绘有《耕织图》壁画,供官员百姓观摩。以后各朝代,无论是官府还是民间都有大量的临摹作品和内容相仿的《耕织图》问世,版本达近百种之多,还流传到了日本、朝鲜和东南亚地区,对亚洲的农桑发展产生了深远的影响。

《耕织图》分耕、织二图。耕图自浸种以至入仓,凡二十一事,包含了浸种、耕、耙耨、耖、碌碡、布秧、收刈、簸扬、入仓等环节。织图自浴蚕以至剪帛,凡二十四事,包含了浴蚕、下蚕、喂蚕、一眠、余桑、上蔟、择茧、络丝、攀花、剪帛等过程。每事绘成一图,配以五言律诗一首,每首八行四句,演绎图意,农桑要务,尽在其中。

《攀花》诗用织锦回文等典故,化用白居易《缭绫》诗意,渲染了织女高超的丝织技术:

> 时态尚新巧,女工慕精勤。
> 心手暗相应,照眼花纷纭。
> 殷勤挑锦字,曲折读回文。
> 更将无限思,织作雁背云。

《织》诗以情景理相融相交的笔法,叙述了织女们的辛苦。同时对织女的辛勤劳动和贫困生活寄予同情:

> 青镫映帏幌,络纬鸣井栏。
> 轧轧挥素手,风露凄已寒。
> 辛勤度几梭,始复成一端。
> 寄言罗绮伴,当念麻苎单。

楼璹献《耕织图》于高宗后,深得高宗续配吴皇后的喜欢,她命画工临摹此图的蚕织部分,并依据自己的亲身经验让画工做了全面的修改,再加题注,改定为《蚕织图》。这件珍品于1984年在黑龙江省大庆市发现,成为研究南宋丝绸技术不可缺少的资料。《蚕织图》对蚕桑种植和丝织生产过程的描绘和说明比《耕织图》更为详尽。

《蚕织图》画卷以长廊式的连房为经,以蚕织二十四事为纬,所绘内容是我国800多年前江浙一带的蚕织户,自"腊月浴蚕"开始,到"下机入箱"为止的养蚕、织帛整套生产工艺流程。该卷由二十四个场面组成,用长房贯穿,每个场面下用楷书小字注明内容。全卷共绘七十四人,翁媪长幼,皆服宋装。图中人物的神态举止,惟妙惟肖;桑树户牖、几席、蚕具、织具,均极其逼真。作者不仅对整个蚕织工艺全过程进行了相当完整的描绘，而且对当时各阶层人物的劳动职业区分、衣着特点及人物性格也进行了精细描绘。

千年《蚕织图》记叙了南宋时期丝绸生产技术的概貌，其中《经》《纬》《织》《攀花》《翦帛》等图、诗和题注，既是工艺学的范围，又是中国服饰文化的一个组成部分，特别是《攀花》图描绘的束综提花机具有极高的历史价值，是服饰文化中的一件瑰宝（见图2-30）。"挽花织绫图"描绘了一台高楼式的束综提花机，是现存最早的提花机图像，这种织机有双经轴十片综，上有挽花工，下有织花工，上下呼应，相互配合，能织出各种复杂图案的丝织品。这个记载说明，我国使用提花机的时间比国外的机械提花丝织机早了600多年。提花机的发明是中国对世界文明史所做出的重大贡献之一。《蚕织图》还记载了南宋已使用比较先进的缫丝机具，如脚踏缫丝车，这种缫丝车由手摇缫丝车演变而来。隋唐时期缫丝一般使用手摇缫丝车，需两人操作，而脚踏缫丝车只用一人操作，劳动效率高。上述这些都是当时江南丝绸技术发达的重要标志。

图 2-30　《攀花》

第四节 "浙花出余姚"

——元明清(1840年前)

一、"浙花出余姚"

这一时期植棉业和棉织业繁盛。

元朝开国后,元世祖忽必烈采取了积极鼓励农桑、大力提倡种棉等一系列重农政策,使元代的种棉与棉纺业获得了迅速的勃兴。

中国古代人民穿着中的植物纤维主要是葛和麻,故古无"棉"字。后来棉布传入内地,为区别于蚕丝的"绵",遂加"木"字称"木绵"。宋以前中原人没有看到过草棉、树棉的原物,以为就是由中国南方乔木攀枝花(木棉)的纤维组成的,所以无法区别草棉、树棉、木棉,将其统称为"木绵树"。古文献中还有梧桐木、桐木、木、古终藤、娑罗木等名称,或指树棉,或指草棉。另外还有吉贝、古贝、织贝、劫贝、白叠等名称,据称都是梵语栽培棉或棉布的音译。宋代以后,棉种传入内地,人们开始对草棉和攀枝花的区别有所认识,"棉"字才正式出现。

宁波滨海,围海造田后最宜种植棉花,是较早推广种植棉花的地区。据南宋嘉泰《会稽志》载:"姚江濒海,沿海百四十里,皆木棉。"到了元至元二十六年(1287),置浙东木棉提举司于余姚,余姚有70%的农民从事棉花种植,镇海约有17%是棉农,可见当时余姚地区种植棉花地位之重要。

元朝人还在长期的生产实践中,改革了许多棉纺织生产工具,如发明木棉弹弓"以木为弓,蜡丝为弦"(见图2-31),到明代已经成为四明沿海一带棉纺生产的主要工具。《成化四明郡志》记载:"竹弓牵弦弹之,令匀卷箛,纺之抽绪,如缲丝状,织为布衣被无穷,吾邑沿海居民以为业。"

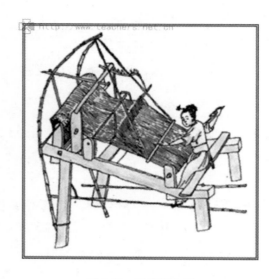

图 2-31　元代织布机

黄道婆,我国元代著名的棉纺织革新家,对当时植棉和纺织技术的发展起到了很大的推动作用。宁波地区把黄道婆叫作"纺织婆婆"或"纱婆婆",逢年过节在织布机前供奉。

到了明清,有"浙花出余姚"之说。乾隆时期,"姚邑北乡沿海百四十余里,皆植木棉。每至秋收,贾集如云,东通闽粤,西达吴楚,其息岁百万计。邑民资是以为生者十之六七"。可见当时棉花收获季节之繁忙景象。

清代诗人高杲在《棉花》诗中写道:

四月始下种,七月花开陇。

白露一零雪球拥,松江淮北棉不重。

浙花出余姚,群芳谱中特选挑。

……

诗人胡德辉也有诗写道:

> 桃绽绒盈壳,棱深翠破夹,
>
> 种惟江浙遍,功要耕织兼。
>
> 黄媪师心巧,红窗女手拈。
>
> 梳抛珠颗颗,纱刷玉纤纤。
>
> 鹅毳当风乱,鸳闺计日淹,
>
> 一弓弹絮起,三榻避泥粘。
>
> ……

瞻岐的周振玉作有《竹枝词》:

> 勤俭风俗不崇华,男女髫年克相家。
>
> 千树棉花收白雪,满山枫叶扫丹霞。

二、蚕桑养殖仍很普遍

明朝余姚诗人赵谦在诗中写道:

> 吴蚕眠起正纷纭,桑柘斜曛十里云。
>
> 白眼看它闲草木,只将红紫媚东君。

万斯同(见图 2-32)也特别重视收集和整理家邦文献、掌故。他写的《鄞西竹枝词》,对家邦胜迹的记述在文学上有相当的地位。其对宁波的人物、传说和风情做比较真实详尽的记述,可补宁波史料之一页:

> 东村西村姑恶啼,家家麦熟黄云齐。
>
> 春蚕作茧桑完绿,睡起日斜闻作鸡。

图 2-32　万斯同 (1638—1702)，字季野，学者称石园先生，浙江鄞县人

民众养蚕是旧时农户一项重要的经济收入来源。余姚乡中俗语有"懒婆娘勿养蚕，嫁妆不见绸"，可见传统上对养蚕就非常重视。

宁波人薛书岩写有《蚕妇词》：

> 吴桑叶秾枝已低，吴女浴蚕蚕已齐。
>
> 提筥结束出门去，蛾眉谁复藏深闺？
>
> 桑街柘陌春风暖，玉指徐徐筥未满。
>
> 短枝落叶挽长枝，只恐蚕饥归步缓。
>
> 蚕到三眠时愈忙，雨鸠啼树妾彷徨。
>
> 桑酣蚕老待作茧，又听清宵更漏长。
>
> 更残门外有人声，喜见来朝天又晴。
>
> 安得神蚕早成结，鸟卵同圆光比雪。
>
> 百箔齐开万茧匀，小姑对妾妾颜悦。
>
> 机边浇酒祠西陵，小姑织素妾织绫。
>
> 女无夏月行桑野，官家方纵桃花马。

清学者沈尌在《蚕词》中写道：

> 小姑居处最难夸，镇日养蚕不出家。
> 会见提筐行陌上，鬓边好插野田花。

晚清瞻岐杨竹生的《竹枝词》也有：

> 风俗由来不尚华，布衣粗饭煮茄瓜。
> 田家妇女蚕桑毕，南亩还来把水车。

清宁波诗人潘朗在一首《缫丝》诗中写道：

> 春色斜残陌上桑，缫车上罢织布忙。
> 功成双手空憔悴，半与小姑半与姑。

古镇慈城有一条"买丝弄"，提醒我们百余年前这里也是蚕桑地区，慈城曾是蚕丝的贸易场所。

民间歌谣《洋扫地》唱道：

> 一扫帚，扫到南，老板屋里好养蚕，
> 养起蚕来雪骨亮，做起茧来石骨硬，
> 大丝车隆隆响，小丝车隆隆响。

到了清代道光年间，宁波地区养蚕纺织尤以樟村、密岩一带最为密集。这一带十家有九家农户以养蚕种贝为生，全年产丝 5 万多斤。

宁波市鄞州区樟水镇是宁波早期丝织较发达的区域，图 2-33 展示的部分养蚕工具，是樟水蚕农自清代光绪二十六年(1900)保留下来的。

图 2-33　服装博物馆展示的养蚕缫丝场景

三、纺织业

1. 丝织业

元代丝绸业的一个重要特点,是官营织造业空前发达,在江南各地设立织染局,其中设在浙江的规模比较大的有杭州织染局和庆元织染局。关于庆元织染局,地方志中有详细的记载,它是至元二十七年(1290)在宋代贡院基础上改建而成。在元泰定二年(1325)时,共拥有土库 3 间,库前轩屋 3 间,门楼 3 间,厅屋 3 间,并前轩厅后屋 1 间,染房 4 间,吏舍 3 间,络丝堂 14 间,机房 25 间,打线场屋 41 间,土祠 1 间,计 101 间,规模相当大,且分工明确①。

迺贤(1309—1368),又叫纳新,字易之,别号河朔外史,本突厥葛逻禄氏,因葛逻禄的汉意为"马",故又名马易之。后定居庆元(今宁波市),曾

---

①　延祐四明志[M]//袁宣萍,徐峥.浙江丝绸文化史.杭州:杭州出版社,2008.

记述四明妇女忙碌织锦的情景：

> 织锦秦川窈窕娘，新翻花样学官坊。
>
> 窗虚转轴鹦声滑，腕倦停梭粉汗香。
>
> 双凤回翔金缕细，五云飞动彩丝长。
>
> 明年夫婿封侯日，裁作宫袍远寄将。

明清时期长江流域是全国蚕桑和丝织业最发达的地区。尤其是东南一带，种桑育蚕几为家家农户的副业。育蚕缫丝以浙江湖州为全国之首。明代、清代，宁波生产深青宁丝、白生丝、平罗纱、白绉纱、红线，青熟线及白丝、农丝、荒丝等五素丝纱，到了清乾隆后期，宁波有丝织机850台，产丝、绫、绸、缎、绢等。光绪二十一年（1895），九个商人合股筹借库银1.5万两，创办永源丝厂，置缫丝机208台，日产生丝1担。

清末，鄞县樟村、密岩一带，年产生丝5万余斤；奉化莼湖一带所产丝长质白，为上品。1900年，城区华泰绸厂在博文记弄（今博文巷）建立，从业200余人，织机120余台，年产塔夫绸、花素缎万余匹，价值50万～60万元。次年，永源丝厂因所筹股银返还，拆股停产。

上述万斯同的《鄞西竹枝词》还写道：

> 独喜林村蚕事修，一村妇女几家休。
>
> 织成广幅生丝绢，不数嘉禾濮院绸①。

他的词后有"明代蚕利大兴，今唯林村不废"，正好说明鄞县的丝织业在明代比较发达。

---

① 濮院是一个古老的绸镇，属今桐乡市。历史上曾日出万匹丝绸，所产濮绸是闻名海内外的绸中佳品。

图 2-34　全祖望像

凤从海上来——宁波服饰时尚流变

清学者全祖望(见图 2-34)有诗写道:

> 未若吴绫夸独绝,大花璀璨状五云,
> 交梭连环泯百结,濯以飞瀑之赤泉。
> 蜀江新水不足拧,浃月四十有五红。
> 上为黻座补衮阙,女野先芒烛帝室。
> ……

明清以后对蚕桑、丝织业发展有一定影响的是植棉业和棉织业的兴起。因为棉花比之蚕桑,"无采养之劳,有必收之效"。故一部分丝绵为棉花所替代,一部分丝织品为棉布所替代。丝织业产品向高档发展,供应面有所缩小。

2.棉织业

棉织业成为小农家庭不可或缺、仅次于农业的副业生产。宁波有"纺车响,饭菜香"的谚语。

四、元明清服饰概貌

1.元明衣着质料改进

种棉与纺织在元代的勃兴,改进了元朝人的衣着质料。《全元散曲》载:"留待晴明好天气,穿一领布衣,着一对草履,访柳寻春万事喜。"[1]诗人王冕也说:"老翁老妇相对哭,布被多年不成幅。"(《元诗选庚集·王冕》)说明元朝士庶和广大贫民的衣服、被子、鞋袜都是用棉布做成的。

---

① 马彦良.春雨[M]//全元散曲.隋树森,编.北京:中华书局,1964.

从文献资料及各地壁画等研究,由蒙古人建立的元代在服制上采取了较开明的政策,大江南北演绎着截然不同的着装风格:北方少数民族穿着金光闪烁的纳石失锦袍和具有漠北风情的皮靴,南方仍以汉式服饰为主,呈现出和睦相处的良好景象。

服饰基本沿袭前代,但服饰原料发生了较大变化。传统的衣被原料是麻、丝绸、葛及动物的皮毛,在明代棉花已取代了麻的地位。图 2-35 为一顶明黑色西瓜帽。

图 2-35　明黑色西瓜帽(宁波服装博物馆藏品)

注:帽子面料为黑色缎,形状似瓜皮,以六瓣等同三角形合缝,取其"六合一统"之意。帽顶最中心钉着一个用黑色毛线盘成的结子,帽子头围外侧围着两层黑色缎,并内衬黄纸板,第一层宽4 厘米,在第一层的基础上又围着一层宽 1.5 厘米的黑色缎,帽夹里为大红平布,并钉着一块墨绿底金黄字的注册商标。

2. 明余有丁墓道石刻遗存

余有丁(1527—1584),字丙仲,鄞县人。嘉靖四十一年(1562)中进士第三名(探花),授翰林编修。万历十年(1582)升礼部尚书兼文渊阁大学士,参与最高机务。张居正又荐举余有丁为相,累晋太傅兼太子太傅,建极殿大学士,卒后谥文敏。余墓坐落在隐学山东坡,面湖,依山势辟为七层台地,神道两侧依次列文臣、站马、蹲虎、跪羊、石笋柱、石望柱、石牌楼各一对,第六个台地为石牌坊。

墓前石刻仍保留宋代遗风,文臣戴有宋明通用的幞头式官帽,胡须垂胸,腰扎玉带,脚蹬朝靴,双手执笏,低眉顺眼,服饰飘逸、流畅,体型比较巨大,需要仰望。石刻表情平静、仁慈,温文驯良显儒雅风格(见图2-36)。

图 2-36　东钱湖隐学山余有丁墓道石刻

3.天一阁范钦画像的明代官服信息

(1)乌纱帽

乌纱帽是明代几种典型的官员冠服之一,外形与唐代初期的幞头有近似之处,但内构、帽饰完全不同。乌纱帽通常是用铁铜丝编成帽的框,再用乌纱覆外。另外,在帽的后下端,各自左右平展出二翅,翅为椭圆形,也是以铁制丝为框,遂用乌纱,颇似现在的小型宫扇,但较其窄得多。这种帽子后来常被人作为官位的代称。乌纱帽在明代的官服系列中,被列为常服。朝廷官吏,不分文武品位高低,一律准可通服。在明代范钦画像上,他便头戴乌纱帽(见图2-37)。

戴乌纱帽的常服,多与团领衫相配。洪武三年(1370),明政府定制:

风从海上来——宁波服饰时尚流变

图 2-37　天一阁范钦画像

注:范钦(1505—1585),字尧卿,号东明。嘉靖十一年,即范钦二十七岁时,中进士,明嘉靖年间兵部右侍郎。

凡官员常朝视事,以乌纱帽、团领衫作为官服。在团领衫外束腰带,亦作为公服使用,但带饰要按不同的品级而定用物。

(2)补服

在中国古代的服饰制度中,最能反映封建等级制度的,要数文武百官的官服了。各级的官员按照文武品级的不同,装饰在官服上的图案纹样也各不相同。这些形形色色的花纹图案,就是古代官吏等级制度的缩影。

补服是一种饰有品级徽识的官服,或称"补袍"或"补褂"。它是从明朝时期开始出现的。明代补服的补子是一块 40～50 厘米见方的绸料,织绣上不同纹样,再缝缀到官服上,胸背各一,表示品级。明代的文官补子绣有双禽,相伴而飞;而武官补子则绣单兽,或立或蹲,各分九等。制作方法有织锦、刺绣和缂丝三种。明代的官补尺寸较大,制作精良,以素色为多,底子大多为红色,上面用金线盘成各种图案。

（3）腰带

明代职官所用的腰带,有一个显著的特点,即不用系腰,纯粹用来昭明身份。[①]

整条腰带加工成圆形,带围宽大,使用时依靠袍衫腰部的细带系结,以免滑脱。在《阅世编》中有一段记载,很清楚地显示官员在穿常服(圆领补子袍)时的束扎革带的状况,很多明代容像上,站立的官员往往也会用手扶住革带,保持一种挺拔的身姿:"腰带用革为质,外裹青绫,上缀犀玉、花青、金银不等,正面方片一两,傍有小辅二条,左右又各列三圆片,此带之前面也。向后各有插尾,见于袖后,后面连缀七方片以足之,带宽而圆,束不著腰,圆领两胁,各有细钮贯带于巾而悬之,取其严重整饬而已。"[②]

4. 清代服饰特点:等级差别与民族特色鲜明

满族原有不同的服饰制度和传统习俗。清兵入关,强令人民剃发改衣冠,使服饰发生了重大变化。到乾隆中期,最终形成了既有满族民族特色,又有汉族传统等级标志的服饰制度。按照规定,自皇帝到平民,服饰共分48品类,其中皇族6种,王族35种,贵族有爵者5种,品官命妇1种,士庶1种,依照等级限制颜色、用料、式样、花纹、饰物。长袍马褂是清代男子的典型装束。袍服一般窄袖圆襟,圆领露颈。袍服外罩有襟褂,长的叫大褂,短的叫马褂。汉族女装仍为明代样式。汉族妇女多缠足,鞋以窄小为贵,金钱绣花,装饰珠翠,有平底高跟各种样式。满族女服为旗袍,圆领大襟,两边开踪,袖口平直,腰身宽大,长及脚面。满族妇女不缠足。图2-38展示了清宣统元年镇海的一户人家的合影。

---

① 高春明. 中国服饰名物考[M]. 上海:上海文化出版社,2001.
② 高春明. 中国服饰名物考[M]. 上海:上海文化出版社,2001.

图 2-38　清宣统元年(1909)镇海的一户人家(《镇海老照片》)

五、服装加工——"慈帮裁缝"誉满京师

宁波裁缝兴起于明初。随着时间的推移,宁波裁缝逐步垄断了北京的成衣业,并在清初成立了北京的成衣会馆——"浙慈会馆",形成了以慈溪成衣商人为主体的浙慈帮,浙慈帮是北京缝纫业的一面旗帜。

据史料记载,浙慈会馆在前门外南大市的财神庙,会馆过去还有戏楼和碑石,程砚秋 11 岁登台唱戏,就经常在浙慈馆(名票房"春阳友会"所在地)演出。可惜现在没有留下一点痕迹。

会馆、戏楼、碑石虽然早已不见,但庆幸的是还有《明清以来北京工商会馆碑刻选编》一书可供参考。其中又以光绪年间《财神庙成衣行碑》的记述最为详尽。内称:

> 在南大市路南创造浙慈馆,建造殿宇、戏楼、配房,供奉三皇祖师神像。当时成衣行皆系浙江慈溪人氏,来京贸易,教导各省徒弟,故名浙慈馆,专归成衣行祀神会馆。

这里有几点特别值得注意：第一，"当时成衣行皆余浙江慈溪人氏"。这说明在清代北京的裁缝店都是宁波人开的，是慈帮裁缝。第二，"专归成衣行祀神会馆"。这说明慈帮裁缝在清代北京的行业垄断性。第三，"建造殿宇、戏楼、配房"。这说明浙慈会馆规模宏大，共有三进院。过去很多附近的小会馆也都商借"浙慈馆"进行祭祀酬神活动。第四，到了光绪三十一年(1905)，宁波的慈帮裁缝还能集巨资重修浙慈馆，使之金碧辉煌，焕然一新，可见时至清末，宁波裁缝仍具有强大的实力，对人们的着装有着重要影响。第五，"来京贸易，教导各省徒弟"，说明慈溪裁缝技艺高超，为各地来京学徒者之师。

　　记载了光绪三十一年(1905)慈溪裁缝在北京创立浙慈会馆情况的财神庙成衣行碑，有力见证了清代宁波本帮裁缝在京成衣业的雄厚实力(见图 2-39)。

风从海上来——宁波服饰时尚流变

图 2-39　财神庙成衣行碑

　　北京中式成衣业的没落大致在民国定都南京之后。由于西风日渐，穿中式服装的人越来越少，宁波红帮裁缝由此取而代之。

第三章 改革·多元
——近代宁波服饰文化

第一节 "西服东渐"
——1840—1911 年

一、时局与服饰趋势

1. 社会时局

（1）1844 年宁波开埠

鸦片战争失败，清朝廷被迫签订了一系列不平等条约，中国的主权完整遭到了严重的破坏。宁波社会也开始半殖民地半封建化，列强在宁波取得了种种特权。英国首先在宁波取得设有领事馆之权。1843 年 12 月 19 日，英国驻宁波领事罗伯聃率领兵舰和大小轮船各一艘到达宁波，并决定在江北岸租赁民房设领事署，大门前所挂馆署名为"宁波大英钦命领事署"。1844 年 1 月，宁波正式对外开埠（见图 3-1）。此后，法国、美国、德国、俄国、西班牙、葡萄牙、瑞典、挪威、荷兰等国相继来甬，在江北岸设领事署或置领事。开埠初，宁波仅几名外国人；1850 年，居住在江北岸的外国人已达到 19 人；到 1855 年为 22 人，大都具有外交官、商人或传教士的双重身份。

图 3-1 1844 年开埠的老外滩(《宁波旧影》)

开埠以后,宁波就成为帝国主义政治、经济、文化侵略的重点基地之一。当时天主教尤其有特殊的政治势力,如宁波主教法国人赵保禄,竟利用宗教干预地方事务,强占江北岸一带土地,酿成宁波历史上有名的"白水权"问题,因而民间有"宁波道一颗印,还不及赵主教一封信"的流传语。

在经济侵略方面,英国的太古公司、法国的东方公司,均有轮船开入宁波(见表 3-1)。英商设立祥泰木行,法商设立永兴草帽厂等,舶来品大批涌入市场。日本则根据《马关条约》最先在内地设工厂(此一特权,后来英法各国相继效尤),故日本货在宁波城乡更为泛滥。所以宁波的民族工商业一开始就受到帝国主义经济的扼杀和垄断。

表 3-1 清末宁波外资企业

国别	企业名称	开设年份	闭歇年份	经营业务
英	太古洋行	1890	1941	糖、航运、保险
美	美孚火油公司	1895	1911	石油
英	西细亚火油公司	1902	1914	石油
英、美	英美烟公司	1905	1932	卷烟
法	光明皂烛厂	1907	不详	皂烛

国别	企业名称	开设年份	闭歇年份	经营业务
法	正大火柴厂	1907	1909	火柴
法	协和洋行	1910	1932	保险

资料来源:宁波市地方志编纂委员会:《宁波市志》,中华书局1995年版。

2.传统棉纺手工业遭到破坏

外国廉价商品的输入,使洋纱取代土纱,洋布取代土布,宁波的棉纺手工业遭到破坏(见表3-2)。

表 3-2　　1875—1896 年棉布、煤油等货物进口量

品名	单位	1875 年	1880 年	1885 年	1890 年	1895 年	1896 年
洋布	匹	721566	536729	590688	749952	788447	918655
煤油	加仑	98020	871820	1135510	2038950	2513585	2411600
锡	担	26658	15052	20060	28241	32934	36328
蓝靛	担			5509	5970	18588	16884

资料来源:宁波市地方志编纂委员会:《宁波市志》,中华书局1995年版。

但中国社会的小农业和家庭手工业相结合的自给自足的自然经济结构并没有立即解体,这种结构对外国资本主义的商品特别是棉纺品的侵袭进行了顽强的抵抗。宁波在洋纱洋布的倾轧后,棉纺织业远远没到崩溃的境地。从棉花的产量和输出量来看,半数以上的棉花仍在本地加工。土布对洋布的抵抗表现得十分顽强。在宁波开埠之初,洋布的输入,"已经使许多(宁波本地的)织布机停下来了"。但是,土布以降价来抵抗,"以前每匹售六元的布(南京布),现在三元钱价格就能买到"。这就充分表明,宁波的棉花纺业与洋纱洋布开展竞争,自然经济在顽强地抵抗资本主义商品的侵入。镇海等地有一则关于"织布"的谜语这样说:"脚踏宁波江桥头,眼看苏州面摊头,一只小船两头尖,双手扳嘞到福建。"图3-2的清末明信片,展现了宁波乡村妇女织布的场景。

图 3-2 《宁波旧影》书中的清末明信片

3. 宁波第一个近代工厂开办

清政府鉴于当时国内外的形势和洋务派的鼓吹,提出"实业救国""奖励实业"等口号。宁波一部分官僚买办、封建地主和商业资本家,也纷纷向工业投资。

宁波的第一个近代工厂,是通久源轧花厂,设在宁波北门外。这家工厂是在清光绪十三年(1887)由洋务派领袖李鸿章的幕僚严信厚(道员、曾任河南盐务督销等职)拉拢官僚买办、封建地主等集资 5 万元而创立起来的。它不仅是宁波的第一家近代工厂,也是我国第一家机器轧花厂。

从 1900 年到 1912 年,宁波先后创办了 18 家工厂,其中纺织类 5 家,即立新针织厂、厚丰布厂、永华布厂、和丰纱厂和五美袜厂。

4. 中国近代第一所女子教会学堂创办

随着宁波开埠,西方传教士纷至沓来,他们为了更有效地达到在中国传教的目的,往往通过开办学堂的方式向儿童灌输教义。1844 年,英国循道公会东方女子教育会传教士阿尔德赛到宁波传教,首创女塾。这是浙江第一所教会学堂,也是中国近代第一所女子学校。1845 年,该校有学生

15 人。1857 年阿尔德赛退休时把学校交托给美国长老会传道团,并入美国人办的学校,称崇德女校(后改甬江女中、宁波女中、宁波六中)。教会学校的创办,带来了许多较之封建教育确乎进步的东西,如数理化课程的开设与一些科学实验机会的提供,使学生学到了在传统旧学中难以学到的近代科学知识。其他如西方的教育制度和教学方法,资本主义上升时期的自由主义思想等,引发了一部分有爱国心的青年的思考,燃烧起富国强民的思想,从而培养了一批区别于旧式文人的知识分子。这在促进教育近代化方面无疑具有深远的影响。咸丰元年(1851),浙江学政吴钟骏在目睹教会学校给宁波各层面尤其是意识形态方面所带来的变化后,向上呈报时称,"宁波府城诸夷杂处,左道易惑",因而建议"见饬各学教官于乡镇劝立义学,以正人心",可见其影响之大。

教会学校的兴办直接影响了当时学生的着装,同时也影响到本土其他学校;同时通过教会学校的文化活动,西方文化和科学知识的传播,人们对接受新事物采取了更为积极的态度。"洋装"更为深远的影响则是对学生思想观念和生活方式的改变,这是近代"变服"现象产生的重要根源。

近代宁波教会办学院、中学 17 所(见表 3-3),另有 13 所教会办小学。

作为近代开风气之先的沿海开放城市宁波,是接受西方近代文明的前沿。而最早向宁波传递近代文化信息的是一批宁波的教会组织和传教士。传教士所办的西式学堂、医院、报刊,既是西方列强文化侵略的产物,也可以说是宁波近代文化变革的先驱。

表 3-3　近代宁波教会所办学院、中学一览

学校名称	教派	主要创办人	年份	变迁
宁波女子学塾	英循道公会	阿尔德赛	1844	1857 年后合并为崇德女校
崇信义塾	美北长老会	韦理哲·麦嘉缔·礼查	1845	1868 年迁杭州,改名育英义塾

学校名称	教派	主要创办人	年份	变迁
女校	美基督教长会	柯夫人	1847	
宁波南门外走读男塾	美北长老会	丁韪良	1851	同年5月丁还在南门内设别一男塾,不久停办
私塾	美基教教浸礼会	卫克斯·罗培生	1855	
浸会女校	美浸礼会	罗文梯	1860	后改名为圣模女校
斐迪书院	英偕我公会	阚斐迪	1860	1906年改名称斐迪学堂、斐迪学校
宁波义塾	英圣公会	戈柏、禄赐	1868	1876年改名三一书院 1912年改为三一中学
女塾(1)女塾(2)女塾(3)	英基督教圣公会	岳教士	1869	
养正书院	美浸礼会	卫克斯·罗培生	1880	1912年改为浸会中学
崇信书院	美北长老会	麦嘉缔	1881	
华英书院	英基督教徒会	华利沙白、华路易姐妹	1893	1912年停办
益智学堂	美长老会	费佩德	1903	1909年停办
中西崇正女学堂	美长老会	不详	1903	1909年迁往上海,改称中西女塾
中西毓才学堂	天主教	赵保禄	1903	
密斯巴圣经学校	美浸礼会	不详	1912	前身为西方教士妇女短期学校
斐德学校	英循道公会	雷汉伯	1920	

5.清朝末年出现兴学盛况

1903年,清朝廷颁布《奏定学堂章程》,规定了在全国范围内实际推行的学制,称为"癸卯学制",奠定了中国近代教育制度的基础。章程颁布后,各类学堂迅速发展,到1909年,全国各类小学已达5万多所,高等学校123所。

宁波也出现了兴学盛况。新式教育已经初具规模,学生队伍迅速扩大,师范、专业学校有所增加。当时出现一批民办学堂、公立学堂,家道殷实者也多出资私立学堂。如吴锦堂在慈溪创办的初等实业学堂(即后来的锦堂师范);陈屺怀在宁波创办的宁波府师范学堂、旧宁属县立女子师范学校等;李善祥在家乡创办务实女子学堂,倡男女平等;鲁载道先生1908年创办余姚女子学堂等。

到光绪三十四年(1908),宁波各县有高等、两等、初等、半日等小学堂208所,学生10453人。到民国元年(1912),宁波各县有高等、两等、初等小学校493所,学生22661人;其中鄞县130所,学生5668人;慈溪38所,学生1645人;奉化130所,学生5346人;镇海87所,学生5245人;象山35所,学生970人;余姚52所,学生2095人;宁海39所,学生1690人。

中等教育也有发展。1900年,慈溪县的慈湖书院改办慈湖中学堂(今属宁波江北区)。1905年宁波教育会建立。奉化县龙津学堂改为奉化中学堂、奉化班溪乡建立剡源中学。1908年,据《浙江教育官报》记载,现宁波府中学堂定名为浙江省省立第四中学。镇海县中学堂也创办。民国元年(1912),新学勃兴,效实中学创办。

同时,女子教育占有了一定比例。

6. 出现官派留学生

在创办新式学堂的同时,清朝廷还先后派遣青年学生和官员出国留学。1872—1875年,受清政府派遣,120名中国少年分四批去美国留学,开创了中国近代官派留学生的先河。这批留美少年中有3位是慈溪的,占总数的2.5%,他们分别是第二批中的王凤喈和第四批中的沈德辉、沈德耀兄弟俩。

民间也大量出现自费留学生。留学生在国外大大开阔了眼界,接受了新知识,成为中国社会中最积极、最活跃的分子。值得一提的是,宁波还出现了我国近代第一位女留学生,叫金雅妹。1881年,金雅妹赴美攻读医学;四年后,她毕业于纽约医院附设的女子医科大学;1888年,她以优异成绩学成回国,在厦门、成都等地从事医务工作。

7.服装趋势

鸦片战争以后,中国进入了近代。宁波作为沿海开埠城市得风气之先,衣冠服饰随之发生变化。

随着越来越多的西方人来华,西风东渐,人们耳濡目染西方服饰文化所带来的新潮流,特别是沿海大城市,民众心态开放,易于接受外来新鲜事物。简便、合体、国际化、衣适于人等西方服饰的优良特点恰恰是累赘、烦琐、人适于衣的传统服饰所缺乏的。从这一点上来讲,人们产生所谓的"崇洋心理"也不足为奇。在条件允许的情况下,追求简便、实用的生活是人的正常心理。

鸦片战争后,中国的外交官、留学生等,一踏出国门,首先因一条发辫遭到外国"拖尾奴才""豚尾奴"的讪笑和侮辱。出于一种共同的民族屈辱感,有识之士出于政治改革、社会改革的考虑,产生了对愚昧落后的自省和对剪发易服的共识,率先向象征着清王朝腐朽、封建的服饰等级制度开炮。

国门洞开,在西方文明的影响下,女子教育的兴办,妇女解放思潮兴起,这成了妇女服饰变化的一个重要诱因。一些女权主义者倡导男女平权,并且将矛头直指传统的女子服饰。他们把传统的女子服饰看成妇女处于奴隶地位的象征,提倡女子服饰改革。甚至有一些激进的女革命家着男装,以男性美为理想,而在男女平权的倡导下,社会上各色妇女纷纷效仿。妇女就业增加,为适应职业需要,服装上改变了宽镶密滚的烦琐工艺,缝纫方法日趋简化。国外装饰方法的输入,是女装变革的又一大原因。

在中国受西方文化浸润最甚的城市非上海莫属。"繁华甲于全国,一衣一服,莫不矜奇斗巧,日出心裁。"①随着租界的开辟,欧美各国洋货、洋装、西方人的生活方式及风俗习惯纷纷传入上海,洋货种类繁多,有关服

---

① 徐珂.清稗类钞(第13册)[M].北京:中华书局,1986:6149.

饰的有:洋纱、洋布、洋绸、呢绒等面料、洋装、洋鞋、洋袜等,深受妇女们的喜爱。而受上海影响最大的则数宁波。

　　清晚期随着上海的崛起,大量宁波人涌向快速发展的上海。嘉庆二年(1797),以慈城费元杰为首的甬人在上海创办四明公所(见图3-3)。嘉庆二十四年(1819),慈溪董萃记为首在上海创办浙宁会馆。清宣统元年(1909)慈溪洪宝斋在上海汉口路创办"四明旅沪同乡会"。另据1946年宁波旅沪同乡会统计,当时宁波旅沪同乡会登记会员共有36490人。

图3-3　1803年由宁波商人建立的四明公所,位于上海北门外(今人民路852号)

二、民众服装

1.洋装

　　随着中外交流的日益增多,各国在宁波设立领事署或置领事,中外官员及其家属的接触机会增多,服饰上的融合、交汇也自然发生。

　　西装革履和礼帽,这些正是民间西式服装的典型代表,西服便于动作、剪裁技术精致、符合人体工程学,又可以巧妙地通过衣服的廓形弥补身材的不足之处,使穿着者显得挺拔健壮、仪态不凡,同时衣服内外的明袋和暗袋可以利用身体与衣服的空隙携带物品。因此,在清末,以归国留学生为主,包括华侨、外国商人、公使等,掀起了西装革履的穿着风气,这对一向等级制度森严的清朝男子服装发起了颇具历史意义的冲击。图 3-4 为穿着西装的孙中山。

图 3-4　1896 年断发易服的孙中山

2. 学生装

清末民初,出国留学的人除了去欧美,还有一些人去了一水之隔的日本。因此,与西装并称"洋装"的另一种服装是来自日本的学生装。日本学生装随着中国留日学生返乡而渐渐传播开来,众多留学生将日本学生装带回中国,并引发一部分公务员、教师模仿穿着,这种服装一般不用翻领,只有一条窄而低的狭领,穿时用纽扣缩紧,因此也不需要领带或领结作为装饰。衣服的正面下方,左右各缀一暗袋,左侧胸前还缀一个明袋。穿着这种服装,显得十分庄重而有精神,因而深受广大青年学生的偏爱,政府在《服装条例》上明文规定叫"学生装"。穿学生装时,头上往往还戴着鸭舌帽或者白色帆布阔边帽。在那个时代,与长袍马褂瓜皮帽相比,学生装是一种有朝气、体现潮流的服装,从形制上它看没有将人体紧紧地束缚住,而是略呈开放之势,虽然仍稍微有些拘谨,却十分精神。正因为学生装简洁、明快又不失民族特色,很快在社会上流行开来。读书的青年人、思想观念开放的人常常把学生装作为自己不落伍的标志穿了起来。正是这股潮流,奠定了中国后来的国服——中山装出现的基石。

3. 传统服饰

①长衫。穿长衫的典型服式,一般是头戴瓜皮帽,身穿长袍,外罩马褂,颜色单调,长袍一般为蓝色,帽和马褂为黑色(见图3-5)。

图 3-5　穿长衫的孩子

③短衫。体力劳动者,一般均穿短衫。短衫一般由手工纺织的粗布做成,颜色也极单调,大都是黑、白、蓝三色,即使有花色,也不过是条级或格子。男短衫是对襟(胸前正中开襟)的,下摆有两只口袋(见图3-6、图3-7);女式则在右腋下开襟,称为"大襟",纽扣多以布条打结制成,也有用铜或竹、木、骨制成的(见图3-8、图3-9)。下为短裤或长裤。裤的上端较宽,可以折叠,用布绳系住腰身,使其不易掉下。女式长裤较短,外出或重要场合中,常在长裤外穿百褶裙。衣裤的腰身、袖筒、裤脚都很宽大。除单衣外,天冷时还穿夹袄、背心、棉袄、棉裤等。

③帽子。城镇居民、乡村绅士冬天戴瓜皮帽、宽边呢帽,夏季戴金丝草帽。农民冬天戴猢狲帽,夏天戴蔺草编制的草帽,雨天戴竹篾编制的笠帽。渔民戴乌毡帽,儿童戴"兔儿帽""虎头帽"。乡间妇女头包毛巾,老年用黑巾,中青年多花巾;城镇老年妇女戴"包头"。

④鞋子。清末城乡男女大都穿自制布鞋。有钱人家青年女子穿绣花鞋,幼儿穿"虎头鞋",农民及小贩平日多穿草鞋、蒲鞋。雨天穿木屐,少数人穿钉鞋、套鞋。

图3-6　清代紫缎对襟袄(宁波服装博物馆藏品)

图 3-7　吴锦堂赤足冒雨监工照

图 3-8 19 世纪末外国人拍摄制作的明信片中的
宁波乡村妇女服饰(《宁波旧影》)

图 3-9　清末大襟女夹袄(宁波服装博物馆藏品)

三、服装产业

1. 纺织业

作为服装的上游行业,纺织业的进步必定能够促进服饰文化的发展,这个发展会具体反映在服装质量、服装价格等因素上。

当洋纱洋布大量输入的时候,宁波的棉纺手工业面临着破产的境地。据资料记载:1885 年,宁波进口英国棉纱为 21 担,1891 年为 3006 担,而到 1892 年,宁波进口洋纱骤增到 16932 担,不仅比上年增加 4 倍多,而且与 1885 年相比,猛增了 806 倍。"随着大量的洋纱进口,土纺织(应为纱——引者)业已经几乎全部停业。"

在洋纱代替土纱的同时,外国侵略者还降低洋布价格来与土布竞争,市场上充塞着洋布。"迄今通商大埠,及内地市镇城乡,衣土布者十之二三,衣洋布者十之七八。"《鄞县通志》记述了外国资本主义国家倾销棉布对宁波土布生产的打击:"光绪十年后,外人益谙国民嗜好,乃有各种膏布输入。然其花色犹简单,甬属民间所用,要以绤条及印花两种为多,而土布已受打击矣。"为求生计,人们被迫仿洋自造,光绪年间,王承准依照洋布,制造膏布,称"甬布",受到社会欢迎,"甬布极称一时之盛"。"本色市布价格低廉,所以一年一年地流行起来","洋标布在市场上售价很低,因此对它的需要也很大。尽管洋标布不如土布结实,但在大小和价格方面,它却具有两方面的优越性。寻常土布,幅宽不足洋标布的一半,而售价却相等。洋标布在加染以后,大量地为买不起绸缎或其他昂贵衣料的人用来做长补(袍)和外衣。洋标布主要流行于本省(浙江)贫瘠和人口稀少的区域,如衢州、姚州(余姚)、金华便是"。余姚农民当时也喜欢穿洋布。在这种形势下,宁波的手工纺织业在进口洋纱布压力下纷纷破产。

风从海上来——宁波服饰时尚流变

同时,随着开埠以后的洋布倾销,宁波产生了新兴的棉布店,1875年进口洋布721566匹,到1892年增加到888975匹。由于人们喜欢买洋布,且利润高,一些广杂店开始兼营推销洋布,以后出现了专业的洋布店,销售"花旗布"和"荷兰水抄布"等洋布,著名的商店有"源康"。"源康"创始人屠景山,原籍鄞西乐屠家。他在开源康以前,在上海做黄金投机生意发了财,于光绪年间创设"源康洋布店"。当时流行一句顺口溜:"老板屠景山,长本三万三,开店三月三。"源康开办时的资本为3万两白银。

宁波一部分官僚买办、封建地主和商业资本家,也纷纷向纺织工业投资。

1887年,慈溪籍严信厚(见图3-10)等集资白银5万两,创办通久源轧花厂于城北湾头下江村,为浙江省内首家近代工业企业、全国最早的机器轧花厂,工人三四百人,置日本产踏板轧花机40台,蒸汽发动机12台。1891年轧花3万担,1893年6万余担。1894年,严信厚把通久源轧花厂扩建为通久源纺纱织布局,于1896年开工生产,有资本45万两白银,纱锭11200枚,织布机400架,工人1200多名,年产棉纱11000件,是浙江省最早的纺织厂。继通久源之后,和丰纱厂也在1905年建厂产纱。

图 3-10　严信厚(1828—1906)

机纺棉纱的出现,为创建资本主义布厂创造了条件。在宁波,较著名的布厂有大昌、诚生、厚丰、恒丰等四家。

大昌布厂的前身是纬成布局。它创建于 1885 年,原来的厂址在鄞县三桥地方,从建厂到现在已经有一个多世纪的时间了。

纬成布局开办之初,是用"发机"的办法,把经好的纱轴发给家庭妇女去加工。但是布局由于管理不善,成本高于"洋布",无法与外货竞争而倒闭。

倒闭的纬成布局于 1912 年改名为复成布厂,把厂址迁移到东钱湖大堰头地方继续生产,后来又把厂再搬到当地股家湾。迁移后的复成布厂最初仍用"发机"的方法,把纱轴发给外面去代织。后来经过企业改组,聘水佑均为厂长,于是扩展厂房,添置设备。当时厂内共有手拉式布机 100 台,除招请农村妇女来厂进行"关机"生产外,同时也向外"发机"200 多户。厂已粗具规模。该厂产品"蓝边元色哔叽"质量好,颇受市场特别是"五山头"一带渔民的欢迎。

2. 服装加工经销

华梅在《中国近现代服装史》一书中认为:在鸦片战争到辛亥革命前一段时间内,中国的剪裁业有两条主线,一条是以苏州和广州裁缝为代表的中式服装店,另一条是以宁波"红帮"裁缝为代表的西式服装从业者,包括裁缝、经营者、教材编纂者等。

鸦片战争后,中国国门被打开,与外国人接触较多的上海渐渐开始流行西服之风,由于缺少熟练裁缝,成品价格高昂。红帮裁缝凭借积累的熟练技术与经验,很快赢得了大批顾客,为"红毛"做西服的"红帮"裁缝之名也就因此迅速传开。"红毛"最初是对荷兰人的称谓,后来泛指欧洲人。《二十年目睹之怪现状》之第六回有这样的描述:"你哪里懂得,我这个是大西洋红毛法兰西来的上好龙井茶。"

红帮裁缝不但在服装加工领域独占鳌头,在服装经销业也不让分毫,比如张有舜在上海静安寺路开设的西服店,其子开设的"东昌西服店"等都是中国较早的西装经销店铺。后来最为人熟知的"荣昌祥呢绒西服号"就开张于1902年,并衍生出许多同样有名的分店,如裕昌祥、汇利等。

第二节 服制改革
——1912—1919 年

一、时局与服饰趋势

1911 年 10 月 10 日,一场埋葬中国封建专制王朝的革命——辛亥革命,在湖北武昌爆发。

图 3-11　1911 年 11 月 5 日宁波辛亥光复纪实(《宁波旧影》)

　　1911 年 11 月 5 日,宁波响应武昌起义,在同盟会会员范贤方、魏炯等率领下,尚武会会员及商团、民团武装千余人占领宁绍台道署,推翻清王朝在宁波的最高权力机构,当夜宣布成立宁波军政分府。1912 年 1 月 7 日,宁波各界人士在小校场开会庆祝中华民国成立暨孙中山就职临时大总统(见图 3-12、图 3-13)。

图 3-12　参加庆祝大会的中外官员合影(《宁波旧影》)

图 3-13　1912 年就任中华民国临时大总统的孙中山

1916 年 8 月 22 日,孙中山先生应邀来甬,并向各界人士发表演说,提出振兴实业、讲求水利、整顿市政等三点希望(见图 3-14)。8 月 24 日孙中山离甬,乘舰艇"建康"号前往象山、舟山军港视察后返沪。

图 3-14　宁波江北岸鸿义照相馆拍摄的孙中山先生全身照(《宁波旧影》)

辛亥革命胜利后成立了资产阶级共和国——中华民国,这在整个中国的历史上具有十分重大的意义,它不仅结束了延续 260 多年的清王朝的统治,而且宣告了长达 2000 余年的君主专制的灭亡。此后,不论是在政治和经济方面,还是在社会和文化方面,都产生了引人注目的重要变化。辛亥革命极大地促进了中国的社会发展进程。

门户被彻底打开,但利用法规和技术保护自己的能力又尚未形成,民族企业在夹缝中艰难求生存,市场几乎被倾销的洋货淹没,这就是民国初年中国经济与社会生活的一个缩影(见表 3-4)。

表 3-4　民国时宁波外资企业

国别	企业名称	开设年份	闭歇年份	经营业务
法国	东方轮船公司	1912	1915	轮船
英国	祥泰木行	1914	1941	洋松
美国	花旗公司	1917		
美国	大美烟草公司	1917		卷烟
英国	华顺洋行	1918		糖
德国	谦信洋行	1910		颜料、西药
美国	德士古油公司	1918		石油
英国	太阳保险公司	1920	1932	保险
法国	永兴洋行	1920	1929	金丝草帽
日本	正隆洋行	1924		
日本	津田洋行	1925	1925	赌场、饮食
英国	中国肥皂公司	1925		皂
法国	茂昌蛋行	1930	1941	蛋类

资料来源:宁波市地方志编纂委员会:《宁波市志》,中华书局 1995 年版。

但是,对普通老百姓来说,与民国初年革命、共和、改元之举直接的关联,莫过于家家户户的男人剪辫和女人放足。革命者们在取得政权的同时,对辫发、缠足和服饰也进行了从"头"到"脚"的革命。当时有报纸指出,民国建立后政体、国体、官制、礼仪、历法、刑名、娱乐、住所的诸多变化,其中服装的变化最迅速、最广泛。一时间"新礼服兴,翎顶补服灭;剪发兴,辫子灭;盘云髻兴,堕马髻灭;爱国帽兴,瓜子帽灭;爱华兜兴,女兜灭,天足兴,纤足灭;放足鞋兴,菱鞋灭"。

二、民众服装

民国初年受清朝被推翻和西方文化的双重影响,出现了以废除清朝服饰为中心内容的服饰改革。民国建立后,以国家法制的形式通令改革服装,民众的穿着打扮不再受国家禁令的约束,从此进入自由穿着的时代。政府还仿照西洋诸国服饰,颁布了服制条例。由于这些条例不切合中国国情,所以没能够实行。

1. 剪辫

剪辫是民国初期移风易俗所取得的重要成果。

清代之前,男子不剪头发,因为在中国人的心中,一直视一头青丝为性命,绝不轻易动刀修剪。《孝经》明确指出:"身体发肤,受之父母,不敢毁伤,孝之始也。"那时的人只在步入成年时束发于头顶并加冠,称为冠礼。

清军入关后颁布剃发令,男子逐渐剃发蓄辫,至民国初年已延续200多年。早在辛亥革命前,有人就提出了"革命,革命,剪掉辫子反朝廷"的口号,将剪辫视为反清革命的重要举动。从全国范围看,民国初期多数人都陆续剪掉了辫子。

辛亥革命胜利之日的慈城翁达在宁波学习,身后留有辫子。当时部分青年纷纷去辫,但又恐家人指责,都不敢告知并让理发匠制假辫备用。在这种情况下,翁达在剪辫前在照相馆拍了这张照片留作纪念。翁达后曾担任陈布雷秘书多年(见图3-15)。

图 3-15　翁达在剪辫前的留影

图片来源:《古镇慈城》2009 年 1 月总第 36 期。

宁波于 1912 年 2 月 2 日奉南京临时政府令,民间一律剪辫,限阴历年底为止。剪辫对服饰的影响主要是各种男帽日益流行,如草帽、卫生帽、毛绳便帽、西式毡帽等。1921 年 7 月 16 日的《申报》载:"民国以来,男子皆剪发,且风气日升,夏季之草帽,销行日盛。"无辫者戴帽是为了给头上增加点装饰,而有辫者戴帽是为了将辫子藏于帽内。

2. 西装与长袍马褂

中华民国成立后,以国家法制的形式通令改革服装,民众的穿着打扮不再受国家禁令的约束。民国元年(1912)，迁至北京不久的临时政府和参议院颁发了第一个服饰法令，即《服制》。该法令将西式服装大胆地引进中国，燕尾服被确定为大礼服，配有西式白衬衫、背心、黑领结、白手套及黑色高筒礼帽和黑色漆皮皮鞋。西装也是民国男子的半正式礼服，翻驳领，左胸开袋，衣身下方左右开袋，单排或双排纽扣，与背心、西裤构成三件套西装。学生服是西式改良服装，通常为立领。不过，当时社会上最普遍穿着的依旧是大襟、右衽、中装、长袍和马褂。西装革履与长袍马褂在民国初年是并行于政治社交场合的。图3-16为1915年效实中学教员合影，图3-17为孙中山与宁波中学师生的合影。

图3-16　1915年效实中学教员合影

　　中国从此进入自由穿着的时代，穿什么、怎样穿各行其是，五花八门。当时的报刊报道街头的景象是："中国人外国装，外国人中国装。""男子装饰像女，女子装饰像男。"一时"洋洋洒洒，陆离光怪，如入五都之市，令人目不暇接"。"西装东装，汉装满装，应有尽有，庞杂不可名状。"真是西装革履，长袍马褂，新旧土洋，千奇百怪。与其说这是政治风云变幻莫测的映照，不如说这已开始了服装自由穿着的时代。在各种服装中，洋装脱颖而出，受到民众的欢迎。下面这段文字生动刻画了民国初年上海时髦男女的形象："西装、大衣、西帽、革履、手杖外加花球一个，夹鼻眼镜一副，洋泾

**图 3-17 1916 年孙中山来宁波中学时与师生合影(中国宁波网),
前排除孙中山以外均穿着长袍马褂**

话几句,出外皮篷或轿车或黄包车一辆。"服饰洋化成为各阶层追逐的新时尚。

　　领风气之先的上海对宁波具有很大影响,因为宁波与上海交往最直接。据《民国鄞县通志》记载,民国时的宁波,"自科举废后,商多士少,世家子弟至有毕业学校,仍往上海而为商者良多,以地当商埠,习于纷华。故皆轻本业而重末利也。今有上海为宁波第二故乡之谚"。宁波慈城人说一些子弟告别父母,经宁波乘海轮去上海为"大海洋洋,忘记爹娘",说明两地人员往来和生活、商业、文化等交往的频繁和直接。上海的服饰潮流在宁波有最直接的反映,如当时妇女的头饰——发髻,受上海影响,时常变化。《民国鄞县通志》特别提到:"其初被纷如蝉翼,曳于脑后谓之假后鬃,后即以己发为之,其翼蝉缩而短小,谓之真后鬃。洎苏沪之风侵入,改为蟠髻,谓之上海头,亦曰大头。清季或效日妇之装,倒挽前额之发作半环形而蟠髻于顶。及辛亥革命则加髻于前额,谓之兴汉头。旋废而为双鬃垂于脑后,旋又改为一髻……"

3. 放脚

宁波老话"小脚一双,眼泪一缸",是辛亥革命前宁波妇女身体健康受到摧残的直观写照(见图3-18)。

鄞州龙观乡一带流传的《媳妇歌》这样唱道:

> 过去妇女罪孽重,
> 好好脚来缠带拢;
> 缠脚时候多少痛,
> 两只眼睛哭青肿,
> 你想心痛勿心痛。

图 3-18 三寸金莲(清代)
(宁波服装博物馆藏品)

辛亥革命胜利后,湖北军政府内务部在 1911 年 10 月 19 日颁布告示"照得缠足恶习,有碍女界卫生。躯体受损尤大,关系种族匪轻。现值民国成立,特此示令放足,其各毋违凛遵!"1912 年 3 月 13 日,南京临时政府颁布《劝禁缠足文》,又以孙中山的名义令内务部"速行通饬各省一体劝禁(缠足),其有故违禁令者,予其家属以相当之罚"。

因缠足本来即属迫于习俗,所以一经政府大力劝禁,放足与天足者日益增多。

4. 女学生新装

中华民国建立以后,随着女子教育的发展和普及,女学生的群体在不断地扩大,同时,留日学生甚多,受日本女装影响,许多年轻女性喜欢上穿窄而修长的高领衫袄,下穿黑色长裙,不施绣纹,朴素淡雅(见图3-19)。女校服的新颖素雅开一代女装风气之先。这种"新装"由留洋女学生和中国本土的教会学校女学生率先穿着,她们的装束甚至在一个时期内影响了人们的审美取向,城市女性视作时髦而纷纷仿效。

图 3-19　民国初年妇女服装保持上衣下裙的形制

　　民初学生装的规制,和普通女装一样,是上袄下裙,上衣的衣袖宽大。开领有方、圆、三角形,下身是长仅及膝的黑裙,脚下是白色帆布鞋或高跟鞋。家境好的女学生,衣料多选用西洋花绸;家境中等的,夏天用白洋纱、夏布、麻纱,秋冬季用灰哗叽、直贡呢、羽绒呢。即使是赶时髦的女生,也很少烫发。

　　逐渐简化是此时女性服饰的总体趋势。张爱玲在《更衣记》中说:"时装上也显现出空前的天真,轻快,愉悦。喇叭管袖子飘飘欲仙,露出一大截玉腕。短袄腰部极为紧小……短袄的下摆忽而圆,忽而尖,忽而六角形。"裙子也较清末略短,有改变马面裙的褶皱做法,任面料自然下垂;衣裙衣裤装饰比清末减弱,镶滚、缘边减少。

　　复杂的镶边"都被一条简单的窄边所取代。镶边的颜色也由过去的鲜艳转为平淡,宁波穿百褶裙的妇女越来越少,百褶变为大裙,最后甚至变成不打褶。这对女性的身体是一个大解放"①。

————————

　　①　宁波市妇女联合会.宁波妇女运动史 1921—1949(第 1 卷)[M].编.宁波:宁波出版社,2016:372.

总体上，在民国初期，宁波男人穿长衫的以商人、知识分子为多，外加一件马褂，俗称"长衫马褂先生"（见图 3-20、图 3-21）。穿直襟胡桃纽扣衫的以工人农民为主，农民还常常戴方巾，既可擦汗又可用作挑担垫肩。裤子是中式大裆裤，腰头以白色布镶腰带。大多数女性对服饰的改易是审慎、保守的。清末的女装样式在民初时期依旧流行，但是装饰日趋减少，镶滚不再时兴。

图 3-20　1914 年镇海名绅李琯卿家庭合影（《镇海老照片》）

图 3-21　1918 年夏慈湖高等小学堂宁波历届校友在中山公园留影

(《古镇慈城》2008 年 10 月总第 35 期)

农村妇女则穿中式大襟衫,腰间常围蓝布裙(见图 3-22)。宁波女子多戴手镯(玉制、金制或银制)、戒指(金、银制)、项链及耳环(金、银制)。戒指品种甚多,有纯金的,有镶各类翡翠、玉珠的。其式样有方形、泥鳅式的不等,还有一种名字戒,即在戒指上刻有名字。小孩多佩戴银制手镯、脚镯,脖挂长命锁,或银制项圈,也有戴海贝壳的,俗称"海宝贝",有的腰间还佩戴"宝玉"。

图 3-22　清末毛兰土布女衫(宁波服装博物馆藏品)

第三章　改革・多元——近代宁波服饰文化

三、服装产业

1.纺织业

第一次世界大战爆发后,欧美帝国主义国家忙于战争,无暇东顾,暂时放松了对我国的压迫,民族工业得到进一步的发展。辛亥革命后至1919年是中国纺织业的一段黄金时间。

1912—1913年,宁波开始出现机器织布业。

就具体数字来看,1912年民族资本厂商开设的纱厂中纱锭数量为509564锭,至1919年已升至851032锭。同时,布机的数量也由2616台升至4010台,棉纱在中国进口额中的比例则由1913年的12.7%降至1921年的7.4%。

这个时期,宁波和各地一样,民族工业得到进一步发展。从1914年到1921年的8年中,宁波又先后创设了永耀电力公司、四明电话公司、美球针织厂、如生罐头厂、华陛印刷厂等21家工厂企业,至此,全宁波共有39家近代化工厂企业,其中棉纺针织业9家。

1914年,城区同生利广货店经理赵宇椿于县西巷创办美球丰记针织厂,资本4000元,工人二三十人,置袜机10余台,主产拉毛袜子,后增置日本产毛袜手摇车、罗宋帽车,产线、纱、毛绒袜,续置柴油机、发电机、锅炉等,形成了一定规模。1918年,蔡章昌购沪产袜机4台,聘技师指导,袜颇畅销,1920年春复置袜机4台,增女工20余人,月产袜百余打。1923年,美球丰记针织厂产汗衫、纱衫、绒衫、锦地衫、桂地衫等品种数十种。

2.服装加工、经销

清末民初,缝纫机随着西式服装流行而传入宁波,出现加工衬衫、制服、大衣等西式服装的缝纫店、制服铺。民国时期,境内各县城和较大的集镇普遍出现较多的手工成衣店(铺),用缝纫机制衣的店(铺)逐渐增多。

在民国初年的上海西装经销业,红帮仍然是主角,1918 年仅在上海黄浦区就集中了 46 家红帮裁缝店,其中开设于南京东路西藏路转角处的荣昌祥店仍旧是其中的翘楚。荣昌祥的另一个令人称道之举是其毫无保留地向学徒传授知识和技能,实际上成为红帮裁缝和上海南京路现代服装业的"黄埔军校"。

第三章 改革·多元——近代宁波服饰文化

第四章　剧变·辉煌——现代宁波服饰文化

第一节　中山装流行
——1919—1929 年

一、社会时局与服装趋势

1.五四运动在宁波的发展及其影响

以五四运动为起点的中国现代史翻开了崭新的一页,宁波也融入了滚滚历史潮流。

1919 年 5 月 4 日,北京学生掀起了爱国反帝示威运动,要求"外争国权,内惩国贼"。5 日,上海响应。7 日,京沪两地学生运动消息传到宁波,青年知识分子特别是中学生怒不可遏,校际互相联络,酝酿组织,不久就行动起来——

5 月 10 日宁波效实中学、省立第四中学学生集会,通电声援五四运动。5 月中旬和丰纱厂职工与记者、小学教员首先组织救国"十人团",抵制日货。"通过这些运动,壮大了学生、工人、职员的进步势力,打击了帝国主义、封建主义和买办势力,使宁波地区的社会风气为之一变。"①而且抵制外货、提倡

---

① 引自中国人民政协浙江省委员会文史资料研究委员会编:《浙江文史资料》选辑第四辑。

国货促进了宁波工商业的发展。例如服装工业方面,作为十人团团员之一的商人赵宇椿,独资开设了美球袜厂(今浙东针织厂前身),继又扩充为美球针织厂,自己装备机器,制造各种针织品,一改过去宁波人都穿"麒麟牌"和"鹫鹰牌"洋袜的现象。此外,还有天生麻棉厂,生产制作鞋底的蜡线,代替了进口货。

2. 五卅运动的影响

1925 年上海发生"五卅"惨案后,宁波人民也举行了反对帝国主义的"三罢"斗争。宁波各界人民以"学生团"为主,发动抵制洋货运动(尤其对英、日货)。在宁波市场上一时泛滥的洋油、洋糖、洋布等洋货贸易受到较大打击。

3. 服装趋势

这一时期,服饰呈现出一种多样性,一方面,中山装的创制及孙中山伉俪的美好形象,对推动民众服装变化起到了巨大的作用,出现了中山装与改良旗袍(见图 4-1);另一方面,长袍、西装及其他传统服饰仍占据一席

图 4-1　1921 年的宋庆龄

之地(见图 4-2),而城乡间显示出了更大的区别。总之,整体上是参差的、多样的。而五四新文化运动使青年女子服装更趋简约朴素。

图 4-2　1929 年宁波帮商人虞洽卿(前排右一)一家
在龙山镇天叙堂合影(《镇海老照片》)

20 世纪 20 年代末,国民政府重新颁布《服制条例》,这次规定的服饰,主要是男女的礼服和公务人员制服,对于平时便服,则不做具体规定。

二、民众服装

1. 20 年代男子服装

(1)中山装

中山装,是近现代中国服饰文化融合的结果。中山装包含了孙中山的政治理想。他认为,传统的长袍马褂虽然穿着舒服,但是旧时代的象征,在国际上也不流行。流行的西装代表了男子服饰的主流,但穿起来太烦琐。所以应该设计一款介于马褂与西装之间的,穿起来既庄重又不复杂,适合中国男性穿的制服。正如孙中山之前所说的:"此等衣式,其要点在适于卫生,便于动作,宜于经济,壮于观瞻。"①中山装既保留了西装贴身干练的风格,又融入了中国对称凝重的格调。它既根除了清代服制的封建等级区别,虽有道德性的寓意,却没有等级的限制,体现了民主共和等思想。中山装体现了传统到现代的过渡特征,而这种特征与当时中西文化融合和中国从传统走向现代的历史时期是相适应的。所以,中山装的流行是必然的。

中山装的演进过程如下:

其式样形成于1912—1927年,由传自日本的学生装和陆军士官服演化而来。最早,孙中山的意图由上海荣昌祥店主王才运完成。1922年前,采用西式结构、东方式封闭立领、七纽;1922—1924年,采用立领、翻领,四袋,加袋褶裥,七钮;1925—1927年,演化成现代式样;1928年,南京国民政府将其命名为"中山装"。

其款式特点如下:

对称西式结构,翻领,四袋,上两小袋,倒山形笔架式袋盖,代表尊重知识(分子);下两大袋,琴式;衣襟五纽包含民国五权分立,三袖纽体现三民主义。

配伍:西式长裤(两前暗插袋,两后软盖暗臀袋),西式大衣,礼帽,皮鞋,手杖。材料:棉卡其,毛料。使用人员:政府及公职人员、国民党党务人员。颜色:深色(藏青)、黑。

中山装因为孙中山的提倡,也因为它的简便,实用,自辛亥革命起便和西服一起开始流行。1912年,南京临时政府通令将中山装定为礼服,修改中山装造型,并赋予了它新的含义。

中山装的造型特征如下:

立翻领,对襟,前襟五粒扣,四个贴袋,袖口三粒扣。后片不破缝。

这些形制其实是有讲究的,根据《易经》周代礼仪等内容寓以其意义。

其一,前身四个口袋表示国之四维(礼、义、廉、耻)。

---

① 中国社会科学院近代史研究所中华民国史研究室,等. 孙中山全集(第2卷)[M]. 北京:中华书局,1982:62.

其二,衣襟五粒纽扣是区别于西方三权分立的五权分立(行政、立法、司法、考试、监察)。

其三,袖口三粒纽扣表示三民主义(民族、民权、民生)。

其四,后背不破缝,表示国家和平统一之大义。

自1923年诞生以来,中山装已成为中国男子通行的经典正装。

(2)学生装

在城镇,和传统的长衫、马褂与中山装、西装并存的还有中西合璧的套装即长袍、礼帽、西式裤、皮鞋的配伍(见图4-3、图4-4、图4-5)。同时,知识分子和青年学生喜欢穿一种简便的西服,被称为"学生装"(见图4-6)。柔石于1929年写作出版的小说《二月》中有一段描写:"随后两分钟,就见一位青年(萧涧秋)从校外走进来。他中等身材,脸面方正,稍稍憔悴青白的,两眼莹莹有光,一副慈惠的微笑,在他两颊浮动着,看他底头发就可知道他是跑了很远的旅路来的,既长,又有灰尘;身穿者一套厚哔叽的藏青的学生装,姿势挺直。足下一双黑色长筒的皮鞋。"《二月》描写的江南小镇芙蓉镇,一般认为其原型是1924年春柔石任教过的普迪小学所在地慈城镇。

图4-3 20世纪20年代慈城名士秦润卿等合影

(《古镇慈城》2003年11月)

图4-4　1926年1月,鄞县县立第二小学(1929年8月改名为四眼碶小学)
第十二次毕业典礼上的服装形象:前排就座者长袍马褂、瓜皮帽,也有戴墨镜者

图4-5　宁波青年会服务团化妆演讲队合影(《宁波旧影》),
长袍、礼帽(手持)、西式裤、皮鞋的套装,西装、中山装、长衫均有人穿着

图 4-6　1921 年慈溪县（慈城）崇本小学师生照，学生装形象

（《古镇慈城》2009 年 3 月总第 37 期，王幼于供照）

2. 20 世纪 20 年代女子服装

（1）上衣下裙

20 世纪 20 年代，清代的服装旧俗，遗风未尽。

女子还流行穿着上衣下裙（见图 4-7、图 4-8），上衣有衫、袄、背心；款式有对襟、琵琶襟、一字襟、大襟、直襟、斜襟等；领、袖、襟、摆等处多镶滚花边，或加刺绣纹饰；衣摆有方有圆，宽瘦长短的变化也较多。上衣下裙的女装后来一直流行，但裙式不断简化。

图 4-7　1923 年慈城妇女服饰形象，上衣下裙（《古镇慈城》2003 年 11 月）

图 4-8　20 世纪 20 年代初摄于宁波中华照相馆的旧照片（《宁波旧影》）

（2）旗袍

20世纪20年代，旗袍开始普及，其样式与清末旗装没有多少差别（见图4-9、图4-10、图4-11）。

张爱玲《更衣记》有这样一段话："五族共和之后，全国妇女突然一致采用旗袍，倒不是为了效忠于清朝，提倡复辟运动，而是因为女子蓄意要模仿男子。在中国，自古以来女人的代名词是'三绺梳头，两截穿衣'。一截穿衣与两截穿衣是很细微的区别，似乎没有什么不公平之处，可是一九二〇年的女人很容易地就多了心。她们初受西方文化的熏陶，醉心于男女平权之说，可是四周的实际情形与理想相差太远了，羞愤之下，她们排斥女性化的一切，恨不得将女人的根性斩尽杀绝。因此初兴的旗袍是严冷方正的，具有清教徒的风格。"

图4-9　1927年慈城一家（《古镇慈城》2008年9月总第34期），女子着旗袍形象

图 4-10　民国女童红绸中袖旗袍（奉化博物馆藏品）

图 4-11　1929 年，宁波一户人家在奉化岳林寺为其长辈 85 岁
寿诞做水陆道场（《宁波旧影》），女子着旗袍形象

上海是我国的通都大邑，自海运开放，西方服饰对上海影响很大，而上海服饰对宁波影响很大。至 20 世纪 20 年代末受欧美服装的影响，旗袍的样式也有了明显的改变，如有的缩短长度、有的收紧腰身，等等。

（3）前刘海

20 世纪 20 年代，盘发成横 S 形，称"爱司头"，"过去老年妇女要梳绕绕头，稍年轻的要梳 S 头，都要绕在后脑，自己梳，后脑部位一来看勿到，二来比较费力，绕不好，有钱人家就请个'梳头娘'每天定时上门服务，也称作'梳头娘姨'"①。亦有前额留"刘海"，留一绺头发覆于额上，俗称"前刘海"。前刘海的样式，也不完全一样，有一字式、垂丝式、燕尾式，等等（见图 4-12、图 4-13）。

图 4-12　1920 年慈城东城女校毕业照(《慈城古镇》2006 年 3 月总第 23 期)，女学生穿传统上衣下裤，梳燕尾式等前刘海

①　冯和珍.旧时慈城的三姑六婆[J].古镇慈城，2009(5).

图 4-13　1923 年,上体育课的甬江女中学生服装(《宁波旧影》)

二、服装产业

1. 纺织业

五四运动以后,由于我国人民反帝爱国热情高涨,大力提倡使用国货,民族工业显露生机,宁波各工厂的情况大大改善,棉纺织轻工业有较大发展。

1920 年和丰第二厂开办,产 10 支、12 支、14 支纱,年耗棉 95882 担(和丰纱厂 1905 年建厂,1941 年 2 月遭大火停产,1946 年重建)。

1923 年,宁波城区西门外设德丰布厂,1927 年有布机 60 台,其中电动 20 台,开现代织布业先声。

1929 年,宁波城区有针织厂 5 家;次年,增至 50 家,因原料短缺,时有倒闭。

(1)厚丰布厂

厚丰布厂创建于五四运动以后,厂址原设在西门外天灯下,创办人为李德芳。他原来在呼童街口即后来的崔兴泰咸货店门前摆洋市摊。五四运动兴起,抵制日货运动风起云涌,李德芳看到国产布销路很畅,试与朋友合伙创办厚丰布厂。初创时只有脚踏铁木机 12 台、工人 20 余人,织出来的产品有"开四米哔叽"和"绢丝呢"等几个品种,都用"高谊图"作为商标。因为花色新颖,所以很受市场欢迎,厚丰布厂也因此逐渐扩大。于是又在北郊高塘墩开设新厂,增加铁木布机40台。接着又于1929年在天灯下扩充厂基,建造厂房七八十间,安装马达布机96台,并在上海三马路设办事处,自办棉纱、颜料、烧碱等原料,实行自染自织的一条龙生产。

（2）诚生布厂

诚生布厂1925年间在姚家浦正式开办,诚生布厂当时的重要产品为"平四条"和"交布"等,销路甚广,供不应求。

（3）恒丰印染织厂

恒丰印染织厂原名恒丰印染厂,开设于1928年,是由开设在宁波江东裕成棉布店经理王稼瑞发起成立的。

（4）公益袜厂

1921年,奉化棠岙乡汪家村集资3000元办公益袜厂,从业600余人,袜机252台,年产"双喜"牌袜子5万打。

（5）通余袜厂

1921年,宁波城区于太监弄20号建通余袜厂,有丝光袜机五六十台,产丝袜,1922年又添袜机10余台。

（6）华美袜厂

1925年,奉化大桥、萧王庙、西坞等地设华美袜厂等10余家,两年后因原料短缺,大多关闭了。

（7）美球丰记针织厂

1923年,美球丰记针织厂产汗衫、纱衫、绒衫、锦地衫、桂地衫等数十个品种。

（8）纬成机器绸布轧光漂染厂

1920年12月,董仁镐等四人于江东后塘街设纬成机器绸布轧光漂染厂,置德国产机器,聘技师轧光、漂染。

（9）华亚电力织绸厂

1926年,华亚电力织绸厂开设于城内县东巷,购42马力柴油机1台,专织华丝葛、印度绸。

通州绸厂设于紫薇街、华经绸厂设于新街,从业 200 余人,有手织机近百台。1928 年 11 月,华泰、华经二厂亏损停歇。之后,协成、和永、和仁、大生祥、余丰祥、锦兴祥、大昌、新大、云章等 10 余家绸缎庄陆续开业,多前店后厂,每家有手织机 10 余台。

2. 服装加工业

1925 年后,王才运诸人回甬开设服装店。1927 年,宁波有服装店 27 家(含各县),以城区三民公司较著,资本约 2 万元,日营业额四五百元。

这一时期宁波慈城任士刚组建了一家名叫"五和"的针织厂。在 20 世纪二三十年代的上海,他被誉为"汗衫大王"。"汗衫大王"任士刚堪称宁波服装文化中的一位重要级前辈人物,精神可颂,值得我们铭记。

1928 年,成立了 4 年的五和针织厂创立自己的品牌产品——"鹅牌"汗衫。在当时"抵制洋货,使用国货"的风口浪尖,"鹅牌"汗衫一成品牌,便走出上海,风靡全国。此时任士刚显示出宁波人在外创业特有的本色。他首先想到的是,如何来依法保护"鹅牌"商标名称与"五和"企业的名称。他向当时国民政府主管部门申请商标注册。为预防今后被人仿冒,他分别注册了有一只鹅、两只鹅和五只鹅的商标。另外,还先后注册了"金鹅""银鹅""天鹅""蓝鹅""白鹅"等一系列与"鹅"有关的商标名称,以及与"五和"厂名读音相似的"五禾""五荷"等商标。具有如此强烈的商标和企业名称保护意识,在当时上海的企业家中是极为少见的。

第二节　改良旗袍辉煌
——1929—1939 年

一、时局与服装趋势

1929 年到 1939 年的 10 年,是中华民族面临生死抉择的 10 年,宁波各界民众抗日救国热情高涨。1931年"九一八"事变后，省立第四中学、效实中学、甬江女中等组织抗日救国会，各界群众举行抗日救国宣传大会，要求政府出兵抗日，收复失地。1932年1月31日，"一·二八"淞沪抗日战事起，宁波反日会发出急电，要求政府同日本"断然绝交，毅然宣战"。2月18日至23日城区人民团体、各界群众募集麻袋3万只、咸光饼73万只，宁波商会捐银圆6万元，支援十九路军淞沪抗战。3月27日，成立中国红十字会宁波分会。1936年10月，宁波各界抗日救国联合会成立。

1937年7月，"七七"卢沟桥事变，全面抗日战争开始。宁波爱国青年成立业余宣传队、战时服务团、抗日救亡工作团和宣传队等进行抗日救亡宣传活动。在这个阶段宁波经济出现了畸形繁荣。

1937年秋季到1941年春季，上海、杭州等地相继沦陷。由于上海仍有租界存在，沪甬线仍在通航，宁波成为内地各省物资的运转口岸，江西、湖南、湖北、广西、四川等地客商纷至沓来，使宁波码头呈现一种畸形繁荣景象，被投机家们誉为"黄金时代"。

进入20世纪30年代，男子服饰的变化已不太显著，而妇女的装饰之风却越来越盛。海禁开放以后，外国衣料源源输入，更起了推波助澜的作用。30年代始，旗袍已成为中国都市女性的重要服装。尤其在上海，人口集中，工商业和文化事业都比较发达，逐渐成了妇女服装中心。各大报纸杂志都开辟了服装专栏，约请著名画家为其设计新装。各大百货公司、纺织公司及服装公司纷纷举办时装表演，1930年1月9日，有关人士在上海大华饭店举办了一场"国货时装表演"，这可以说是我国的首届时装表演活动。据民国十九年(1930年)出版的《生活周刊》杂志登载的内容，表演的服装有男式西装、女子长体旗袍、婚纱服和礼服等九类。表演场上，经挑选的男士和女士们穿上指定的服装缓步依次出场，给人以活泼和新奇的感觉。据载，这次表演吸引了千余观众，盛况空前。另外，他们还邀请各类明星穿着各种新奇式样的服装，以达到宣传新产品的作用。图4-14展示了20世纪20年代的上海时装。

由于外来商品的进入，西方生活习俗的渗透，国内大城市女子频繁地

图 4-14　20 世纪 30 年代的上海时装

出入交际场所,使社会风气为之一变。洋式衣裙还要配上眼镜和手表,遮阳伞握在手中,更显新潮和浪漫。欧洲和东洋摩登时装,从短裙、内衣及色彩等方面影响着国内的女子,效仿的人越来越多,甚至还出现了模仿美国的简便装束,爱好运动的女士们多穿红色镶银边的百褶裙,并以胸罩代替旧时的肚兜(见图 4-15)。

图 4-15　1935 年的上海西式服装

第四章　剧变·辉煌——现代宁波服饰文化

20世纪30年代之后上海城市急剧膨胀,对周边的辐射影响大大增加。当时流行的歌谣唱道:

> 人人都学上海样,学来学去难学像,
> 等到学了三分像,上海早已翻花样。

领风气之先的上海对于宁波产生了很大影响。据《民国鄞县通志》记载,民国时的宁波,"自科举废后,商多士少,世家子弟至有毕业学校,仍往上海而为商者良多,以地当商埠,习于纷华。故皆轻本业而重末利也。今有上海为宁波第二故乡之谚"。20世纪30年代,移居上海的宁波人已达40多万人。

这种现象,在宁波民间歌谣中有很好的体现——
《小白菜》:

> 小白菜,嫩艾艾,丈夫出门到上海,上海"末事"(商品)带进来,邻舍隔壁分点开。
> 小白菜,嫩艾艾,丈夫出门到上海,廿元廿元带进来,介好丈夫哪里来?
> 小白菜,嫩艾艾,老公托人带信来:上海太忙走勿开,醉蟹泥螺带点来。

《莫难熬》:

> 阿毛嫂,莫难熬,阿毛哥信带到,初一勿到初二到,初三夜里准定到!

这些歌谣都反映出上海、宁波两地人员往来和生活、商业、文化等交往的频繁和直接。

二、民众服饰

1.男子服饰

如上所述,男子20世纪30年代男子服饰变化不大。穿传统长衫马褂的仍常见(见图4-16、图4-17、图4-18),西装、中山装也有一席之地(见图4-19、图4-20、图4-21)。

图 4-16　1930 年慈城青年商人在宝善堂花园合影

(《古镇慈城》2007 年 5 月),商人们还是着长衫马褂瓜皮帽

图 4-17　1931 年鄞县乡村电话所 20 门交换机(《宁波旧影》),男子着长衫

图 4-18　1936 年灵桥上的民众服饰形象

图 4-19　1933 年,宁波青年会干事会成员服饰(《宁波旧影》)

图 4-20　1938 年慈城黄山崇本小学全体教师合影(《古镇慈城》

2009 年 5 月总第 38 期),男子中山装、西装、长袍马褂并存

图 4-21　20 世纪 30 年代末庄市大市堰余家
（《镇海老照片》），中装、西装平分秋色

2. 女子服饰

（1）受上海影响巨大

服饰由简入繁，日新月异，渐渐步入发展高峰期。

创修于 1933 年的《民国鄞县通志》在叙述有关宁波人衣饰方面的改变时说："五十年前敦尚质朴，虽殷富之家，皆衣布素，非作客喜事，罕被文绣者。海通以还，商于沪上者日多，奢靡之习，由轮舶运输而来，乡风为之丕变。私居燕服亦绮罗，穷乡僻壤通行舶品。近年虽小家妇女，亦无不佩戴金珠者。往往时式服装，甫流行于沪上不数日，乡里之人即仿效之，有莫之能御矣。"这段话告诉人们，民国时期的宁波，即使是穷乡僻壤的乡里，其服饰方面也深受上海流行服饰的影响。

（2）旗袍辉煌

20世纪30年代始,旗袍已成为中国都市女性的重要服装,名媛明星、女学生、工厂女工尽数接受,仅面料、做工和搭配略见差异,由此形成具有海派文化特点的民国典型服饰形象,造就了中国现代服装史上的一页辉煌。

这一时期旗袍款式的变化主要集中在领、袖及长度等方面。先是流行高领,渐而又流行低领,甚至流行起没有领子的旗袍。袖子的变化也是如此,时而流行长的,长过手腕;时而流行短的,短至露肘(见图4-22、图4-23、图4-24)。至于旗袍的长度,更有许多变化,在一个时期内,曾经流行长的,走起路来无不衣边扫地;抗战爆发,复回利于行走之长度;此后又流行短的,但通常也都在膝盖以下(见图4-25)。

图4-22 20世纪30年代黑缎网纹旗袍
（宁波服装博物馆藏品）

面料的选择上除传统的提花锦缎外,还增加了棉布、麻、丝绸等更为轻薄的品种,采用印花图案,色调以素雅为美,领、袖、襟等部位也用镶滚,却并不烦琐。

图 4-23　黑色提花绸旗袍(宁波服装博物馆藏品)

图 4-24　1938 年慈城女青年(《古镇慈城》2003 年 11 月)，短袖、低开衩旗袍

图 4-25　20 世纪 30 年代，宁波庄市同义医院全体医务人员合影
（《宁波旧影》），女子旗袍长度几乎及地

（3）"阴丹士林"

　　20 世纪 20—40 年代的上海滩是旧中国的时尚风向标。20 年代，爱美的青年女学生的穿着往往是上身一袭月白大襟布衫，窄腰宽袖，下身配以黑色绸裙皮鞋，她们手持书卷，袅袅婷婷地行走在上海滩，成为彼时的一道靓丽风景。而到了 30 年代，上海滩上忽然流行起中式旗袍，这种服饰因其能够充分体现东方女性的曲线美而深受中青年女性的欢迎。当时，上海滩上中式旗袍的主要面料就是以蓝色为基调的阴丹士林布。阴丹士林以其不易褪色的品质深受三四十年代上海中青年女性的喜爱。今天，我们在民国题材的电视剧里仍然能够窥见阴丹士林布的流行程度，那时的时尚女性春秋季常常穿一袭阴丹士林蓝旗袍，冬季则是长棉袍外罩阴丹士林蓝大褂，长围巾直垂至膝。阴丹士林是那个时代的流行密码。

　　阴丹士林布由德国德孚洋行生产，德孚洋行由德国人德恩于 20世纪 20 年代在上海创办，而阴丹士林则是一种还原染料名称，是德文 Indanthrene 的音译。用这种染料染的布不仅色泽光鲜，而且经久不褪色，德孚洋行生产的阴丹士林布因使用了这种特殊的染料而深受人们的欢迎(见图 4-26)。

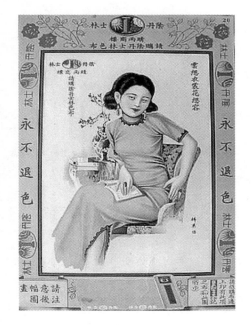

图 4-26 阴丹士林布广告

二、服装业

1. 纺织业

据统计,1933 年,宁波城区有纺织企业 20 家,资金 163.34 万元,从业者 3429 人,产值 700 万元,占城区工业总产值的 63.49%。1937 年后,有大小企业 70 余家①。

白织布产品有条子漂布、斜纹布、线呢、哔叽、洋纱、府绸、海昌布、阴丹士林布等。

1932 年产色织产品雪花呢、哔叽、线呢、条子布、直贡呢、爱国布、高布

① 宁波市地方志编纂委员会.宁波市志[M].北京:中华书局,1995.

等 70600 匹，1933 年产雪花呢、线呢、府绸条子布、斜织布、漂布、花绒、直贡呢等 48600 匹。

城区有漂染厂 8 家，以丽华丝光漂染厂较为著名，置柴油机、丝光车等，盛时从业者 90 余人，其余均从事针织品手工漂染。有染坊 14 家，从业者 200 余人，置染缸、染灶等，代客染色，产士林、双蓝、毛蓝、浆毛蓝等，年产浆毛蓝约 30 万匹，年耗靛青 10 万余斤。

(1)恒丰染织厂(今恒丰布厂)

1929 年，在城区南门永春巷开业，系市内首家白织布生产厂，职工 50 余人，铁木布机 14 台，产哔叽、斜纹布等坯布，自行染色。次年，有职工两三百人，购置上海制造新式染机、上浆机、烘机、轧平车、轧光机、伸幅机、烧毛机、接码机、织布机、摇纱机、丝光机等设备，仿造条子漂布、斜纹布、阴丹士林布等，采用"九恒"商标。

恒丰染织厂设印染部，采用机器印染(旧时，手工染布作坊产毛蓝、双蓝、玄色、漂白、蓝底白花棉布)。

(2)诚生布厂

由于资金积累得多了，1932 年，诚生布厂在定桥镇附近购置地皮，建造新厂房五六十间，包括楼房在内，合计 860 多平方米，铁木机也发展到 86 台，并增加经纱车两台，又设立了漂染车间，丝光车和大小锅炉齐全，自织自染，成为拥有 250 多名工人的大厂。那时厂里主要产品是龙头呢、被单斜、格子布，其中以龙头呢最驰名。日产高级全线男女线呢、龙头格子等花色品种 2000 米以上。合计年产各类布料 50 多万米，供给省市人民。

(3)恒丰印染织厂

恒丰印染织厂于 1931—1932 年间组织成合伙厂。合伙股东有王稼瑞、李贤钊、洪泳樵、王余生、陈元辉等人。其中王余生、陈元辉为宁波钱庄方面的代表。洪泳樵原在上海经营新益宁庄，系银号性质，兼营沪甬客帮代购代销业务，经营范围甚广。王稼瑞拉他入股，意为互相利用。股东会议决定，由王稼瑞担任经理，负责该厂对内对外一切事务；李贤钊为协理,管理厂务;洪泳樵负责上海方面的进料事宜。该厂确定资本为1.5万元。当时宁波从事工商业有一个特点:本钱虽小,而生意却做得很大。他们可以依靠信用贷款,即吸收私人存款和向钱庄贷款,所以1万元本钱,往往可以做10万元生意,甚至更多。王稼瑞办企业精力比较旺盛,在染制元色洋纱的基础上,又逐步发展印染"士林蓝"和"海昌蓝"布,并加添印花机,印染高档花布。1932年王稼瑞亲自前往日本,购来印花机全套设备两部,并聘请日本印染工程师一名,负责恒丰印染业务。该厂出产的白地"色丁"花布与印花绒布,鲜艳夺目,花纹漂亮,但其坯布是从上海进口的日本货。这种白地"色丁"花布与印花绒布,不仅畅销于浙江省各地,连上海等地客帮,也争相来宁波采办。

1933年城区主要织布厂、针织厂家见表4-1、表4-2。

表4-1　1933年城区主要织布厂

厂名	地址	开办年份	资本/元	职工数/人	布机台数
复成染织厂	鄞县莫枝堰	1912	2400	85	织机20台、木机100架
振丰染织厂	开明桥教堂弄	1923	1000	94	人力机、铁木机24台
厚丰布厂	西门外天灯下	1924	22000	170	人力机40台、电力机20台
顺兴布厂	府前	1926	6000	87	人力机48台
顺兴泰记染织厂	府侧街	1926	16000	110	人力机48台
厚丰第二布厂	北门外	1928	不详	105	电力机、铁机
恒丰染织厂	南门外航船埠头	1929	14000	140	织布机40台、染布机4台

　　注:振相距染织厂系独资,其余均合股。引自宁波市地方志编纂委员会:《宁波市志》,中华书局1995年版。

表 4-2　1933 年城区针织厂家

名称	地址	组织	资本/元	从业人数/人	主要产品	产量/打	商标
美球丰记针织厂	石柱桥	独资	4000	192	汗衫线袜	50000	美球老虎
振新织袜厂	江北同兴街	独资	3000	32	丝光线袜	8000	无敌
美星针织厂	县东巷	合股	4000	32	毛袜	5500	美星
荣华袜厂	不详	合股	1600	30	毛袜	9000	云鹤
明星织袜厂	冲虚观前	独资	300	15	丝光袜	7500	不详
淮阳针织厂	廿条桥	独资	3000	100	袜罗宋帽	9000	不详
美达针织厂	江东银杏弄	独资	1500	20	袜毛线衫	5000	不详
三民针织厂	开明坊	独资	3000	37	袜毛巾	16000	不详
天纶丝袜厂	县前萧家桥	合股	3000	60	真丝袜	3000	金狮

资料来源：宁波市地方志编纂委员会：《宁波市志》，中华书局 1995 年版。

2. 服装加工业、经销业

红帮裁缝们在向外拓展的同时，有的留在宁波，扎根故土，坚守裁缝铺、服装店。1932 年，宁波城厢的商店中，有鞋帽店 85 家，估衣店 44 家，成衣店 23 家，西装店 7 家，贳衣店 8 家。据《1935 年各业营业状况调查表》："本埠西服业大小计 30 余家，'惠勤'以制军装制服业为主，'源和'以各机关服装为主，其余大多经营客货。营业多者 15000～16000 元，少者 1000～7000 元、8000 元不等。"

这些西装店大多设在东大路(今中山东路)，少数设在县前街、大池路和江北岸一带。其中以咸塘街的"三一服装店"、东大路的"金龙服装公司"和鼓楼的"万和祥西服号"较为著名。"三一"在宁波 30 多家夫妻店式的服装业中跻身前列。它是由药行街永和西服店发展成为"金龙"的，三开间门面，三楼，公司员工有二三十人。"万和祥"是宁波服装业的老字号，店址初在公园路，不久迁址中山路蔡家弄，后设在中山西路渡母桥(今鼓楼东侧)营业。①

另外,一些绸布店也开发代客量体做衣的业务,典型的有"新宝华"。1936 年,曹良芳兄弟在灵桥附近建造了一幢五层大厦,开设了"新宝华"。铺面底层专营棉布,二楼专营花色绸缎,三楼陈列呢绒、服装和礼品。为了打开绸缎呢绒销路,除扩大花色品种外,新宝华还与中西服装铺挂钩配合。凡在店内买衣料,可以代客量体做衣,不论长衫、马褂或妇女旗袍和男女大衣,均能准时取件,式样美观新颖,受到消费者的喜爱和赞扬。当时风行全市的马裤呢男式夹大衣和妇女皮领呢大衣,大部分是新宝华的产品。

其他各县情况如下:

1931 年,鄞县于城区成立"新衣业同业公会",会员 30 家。1932 年,有从业人员 600 户,资金 6.7 万元,年产绸缎、呢绒、棉布等成衣 75 万件,价值 390 万元。至 1934 年,从业 2017 人,其中职员 337 人、工人 1300 人、学徒及童工 380 人。

据新编《奉化县志》,1936 年,奉化服装从业 942 人,产值 52.6 万元。

据新编《余姚市志》,20 世纪 30 年代,余姚城区设"锦昌祥""时兴""源兴"等服装店,代客加工。抗战时衰落。

第三节　简便适体的趋势

——1939—1949 年

一、时局与服装趋势

1. 20 世纪 40 年代,是整个中国剧烈动荡的年代

战乱时期,宁波人民同全中国人民一样,生活水平跌到了有史以来的

---

①　陈万丰.宁波近代服装的演变轨迹[N].宁波晚报,2008-10-26.

最低点。

1939年9月4日,日机8架次轰炸宁波城区。1940年10月27日,侵华日军进行细菌战。宁波城在日军轰炸下一片狼藉(见图4-27)。

图4-27　1939年日军轰炸下一片狼藉的宁波城

1941年4月20日,日军占领宁波,日资企业替代英美法德洋行,1941—1943年有记载的有12家,霸占宁波市场,摧残我民族工业(见表4-3)。

表4-3　1941—1943年日资企业

企业名称	开设年份	经营业务	企业名称	开设年份	经营业务
华中铁道宁波自动车区	1941	汽车	野奇产业株式会社	1941	皮革
华中轮船公司	1941	轮船	三兴株式会社	1941	火油、绸缎
东亚海运株式会社	1941	轮船	青延公司	不祥	草席
横滨正金银行	1941	金融	东昌公司	1941	糖、布、肥皂、炭
宁波放送公司	1941	电台	中支烟草株式会社	1943	卷烟
义太洋行	1943	百货、粮食	新民洋行	1943	木炭

沦陷时期市面凋零。内地客商见宁波沦陷,裹足不前,四乡客户,除万不得已,也不敢冒险到宁波办货。所以宁波市面顿显萧条,交通阻隔,

运输萎缩,码头冷落(见图4-28)。

图 4-28　20 世纪 40 年代的药行街(《宁波旧影》)

1945 年 8 月中旬,日本投降。由于战争结束,秩序正常,交通恢复,工厂陆续开工,工商业开始复苏;但与此同时,美国的战后剩余物资,在国民党当局的操纵下大量投放市场。宁波与上海仅一水之隔,美国货源源不断地运来,这对于宁波的民族工业是一个沉重的打击。如美国"骆驼牌"香烟的倾销,不仅使宁波各烟厂出品的卷烟无人问津,就连华成和南洋兄弟烟草公司等出口的沪产卷烟也大受打击。土产棉布因成本高、质量差,也敌不过进口棉布,产量大减。抵制美国货成了一场战斗。

一首宁波童谣这样宣传:

一双皮鞋美国货,二块洋钿买来哦;

三日穿过就穿破,四穿凉棚洞眼多;

鱼看罪过伐罪过,落气滑要重买过;

七世勿买美国货,百样东西拆烂污;

究竟要买阿里货,实在要买中国货。

2. 服饰趋势

战争硝烟燃起，虽仍有醉生梦死者，但大多数国民皆无心于服饰的奢侈，更多考虑经济、便于活动等实用的功能。华梅在《中国近现代服装史》一书中归纳这一时期的服饰趋势时用了三个"化"：手工化、军事化、美国化。

20 世纪 40 年代，女学生中穿旗袍的渐渐多起来，穿上衣下裙的也为数不少；男学生中穿立领制服、西装、夹克的人居多。40 年代后期，政府部门工作人员的服装已形成一定的格局。年纪大一些的，穿长袍马褂的比较多，年轻的多穿中山装或西服，政府的工作人员最典型的打扮是穿中山装，戴礼帽。知识分子在服装打扮上是比较朴素的，如中学教师一般穿蓝布大褂、布鞋，女教师则穿布旗袍，外加一件毛线衣。儿童服装的种类也比较丰富，特别是军服对儿童服装的影响比较大，如海军服、空军服、坦克服等。

二、民众服饰

1. 手工编织的毛衣

棒针编织是 20 世纪 40 年代进入中国的，毛线最早是由国外进口，后来上海生产的毛线闻名全国。常于旗袍之外着对襟毛衣，表现出中国女性的典雅风格。由于绒线可以多次拆结，经济实惠，又能编结出特有的花纹图案，展示出穿者的个性，故在妇女中曾形成编织毛衣之风。她们织出的衣物品种齐备：毛衣、毛裤、毛背心、夹克衫、帽子、围巾、手套、袜子，应有尽有。

2. 简便、适体的旗袍

由于战争的影响，20 世纪 40 年代初的旗袍不复 30 年代衣边扫地的奢靡之风，长度缩短至小腿中部，高时到膝盖处。炎夏季节多倾向于取消袖子，减少领高，省去了种种烦琐的装饰，使其更为简便、适体，从而形成了 40 年代旗袍独特的风格(见图 4-29、图 4-30、图 4-31)。

风
从
海
上
来
——
宁
波
服
饰
时
尚
流
变

图 4-29   20 世纪 40 年代雪青色中袖旗袍(宁波服装博物馆)

图 4-30   抗战胜利后慈溪县立初级中学师生在师古亭前合影,女子着简约旗袍

图片来源:《古镇慈城》2005 年 9 月。

20 世纪 40 年代中期的旗袍还引进了两种西式配件:垫肩与拉链。把传统的盘香纽、直角纽换成拉链,也成为当时的时尚之一,校服则以朴素、淡雅为尚;工厂女工夏季风行穿一种简便型的旗袍,略似面粉袋上挖个圆孔,无袖无领或低领,不收身、小开衩,长度在膝盖上下,内穿一条短裤,以图凉快,劳动轻便(见图 4-32)。

图 4-31　20 世纪 40 年代太平巷弄一民宅门前(《宁波旧影》),
女子烫发、着棉布旗袍、褡攀鞋,男子中山装,儿童中式装束形象

图 4-32　20 世纪 40 年代初镇海女学生(《镇海老照片》)

3. 玻璃丝袜

抗日战争胜利后,青年妇女穿美国产的化纤长裤,宁波人称之为"玻璃丝袜",曾风靡一时。宁波滩簧老剧目《王阿大游宁波码头》有这样的唱词:"长筒丝袜玻璃做,高跟皮鞋木屐拖。"

三、服装产业

1. 纺织业

1940年,宁波有纺织产业21家,其中织布7家、针织7家、漂染2家、编织5家,从业778人,设备1666台,产布24万匹。

抗日战争结束后,纺织企业或恢复生产或扩大经营或新投产,企业数迅速增加。

1949年,宁波有纺织企业202家,其中纺纱6家、织布119家、针织41家、棉制品36家,除机器纺织厂18家外,其余为手工作场,产值1230万元,占全市工业总产值的12.16%。以棉织业为例,1949年,有布厂和棉制品工场155家,其中机器织布厂11家,其余为家庭作坊,共有布机1400台,产棉布307万米,传统产品有大昌哔叽、九恒毛蓝。当年5月,城区有振华布厂、胡炳记织布厂、国泰织布厂、长丰布厂等76家工厂。

这一时期,针织业发展迅速,如表4-4所示。

表4-4　1940—1949年城区针织企业

厂名	地址	开办年份	资金/元	从业人数/人
勤余针织厂	英烈街47号	1940	3164	10
茂昌针织厂	咸塘街192号	1940	2300	6
利华针织厂	开明街345号	1940	2004	5
安记针织厂	箕漕街44号	1940	192	3

厂名	地址	开办年份	资金/元	从业人数/人
圣记针织厂	中山东路 350 号	1940	770	8
明星针织厂	开明街 242 号	1940	451	2
天华针织厂	华严街 112 号	1942	700	8
和信针织厂	迎凤街 39 号	1943	3507	17
美大针织厂	后田垟 1 号	1943	930	7
宝兴内衣厂	棋杆巷 57 号	1944	2094	11
华新针织厂	新街 44 号	1944	708	5
荣华针织厂	国医街 71 号	1945	573	
鑫丰针织厂	战船街 141 号	1945	494	4
锦丰针织厂	国医巷 7 号	1945	1852	9
大禄针织厂	镇压明路 45 号	1945	3991	11
成永孝毛巾厂	桂芳桥巷 1 号	1946	950	4
大安针织厂	厂堂街 30 号	1946	3026	10
顺记针织厂	潜龙巷 48 号	1946	400	
聚丰针织厂	西马巷 31 号	1947	481	4
精勤针织厂	带河巷 17 号	1948	379	3
震余针织厂	中山西路 154 号	1949	464	12
红裕针织厂	带河巷 17 号	1949	372	

资料来源：宁波市地方志编纂委员会：《宁波市志》，中华书局 1995 年版。

2. 服装业

以缝制布服装为主的机缝行业，在此期间也得到迅速发展。

机制服装业逐渐兴起，到 1946 年，城区机制服装商业同业公会有会员 72 家，到 1948 年，奉化服装从业人员为 759 人，产值 22.8 万元（见表 4-5）。

表 4-5 鄞县机制服装业会员登记情况(截至 1946 年 6 月 1 日)

店号	业主	籍贯	地址
大华	金瑞麟	鄞县	灵桥路 43 号
永和	杨鹏云	奉化	灵桥路 81 号
三兴	黄信财	鄞县	中山西路 453 号
美丽	毛宗耀	奉化	中山西路 40 号
永昌	徐永林	鄞县	中山西路 420 号
复泰	叶荣富	鄞县	中山东路 145 号
祥康	陆道行	鄞县	中山西路 21 号
新昌祥	王信孚	鄞县	中山东路 485 号
陈武昌	陈武昌	鄞县	中山东路 387 号
新兴	江胜友	太平	大沙泥街 7 号
潘合兴	潘中贵	宁海	公园路
中兴	俞阿炳	鄞县	中山东路 423 号
青年	周子正	鄞县	东后街 174 号
兴昌	朱贵富	鄞县	药行街 143 号
友丽	杨友义	奉化	中山西路 63 号
新金山	唐信昌	奉化	中山东路 305 号
南京	董庆宝	鄞县	中正北路
宝丰	叶炳寅	绍兴	药行街 123 号
永兴	胡定发	鄞县	中山东路 455 号
利昌	宋利甫	鄞县	中马路 157 号
同信	林阿玉	鄞县	中马路 180 号
生昌祥	孙金生	鄞县	中马路 203 号
复兴祥	蒋芳定	鄞县	中正北路 191 号
美华	朱信财	鄞县	县学街 31 号

店号	业主	籍贯	地址
裕美	王贵卿	宁海	大沙泥街 8 号
振昌	李高惠	镇海	南大路 5 号
志丰	邬杨发	奉化	开明街 400 号
后融	陈器多	鄞县	中山西路 157 号
新康祥	鲍祖康	鄞县	槐树路 150 号
厚昌	叶祖阴	鄞县	中山东路 320 号
金昌祥	洪阿毛	鄞县	中山西路 155 号
永昌	朱信章	鄞县	开明街 16 号
祥茂	王祥甫	鄞县	中马路 281 号
万康	忻性初	鄞县	中马路 282 号
竺瑞记	竺瑞德	奉化	中马路 305 号
裕昌祥	张在信	鄞县	大沙泥街 76 号
兴祥协记	严经耀	奉化	大沙泥街 79 号
新侣	张祖傅	鄞县	中马路 182 号
兴记	钱祥新	鄞县	百丈路 231 号
胜昌	陈幼雪	鄞县	中山东路
国泰	汪成樑	奉化	中山东路
公美	汪春法	奉化	中山西路
新大	胡定宝	奉化	中山东路 379 号
联谊	干贵富	鄞县	中山东路 425 号
适身	石伟甫	鄞县	公园路 56 号
兄弟	赵根土	鄞县	中山东路 346 号
周兴记	周昌道	鄞县	章耆巷
胜利	朱永康	鄞县	百丈路 315 号

店号	业主	籍贯	地址
章杏记	童杏生	鄞县	东郊路 5 号
华祥	丁善华	鄞县	县学街 24 号
陈祥记	陈秀根	鄞县	大梁街 148 号
华胜	董松寿	鄞县	中山东路书锦坊 171 号
张永兴	张令发	鄞县	楔闸街 15 号
合兴	郑阿毛	奉化	苍水街 72 号
协兴	李阿来	鄞县	中山东路
惠昌	何阿标	鄞县	公园路 177 号
宝兴	蔡定芳	鄞县	咸塘路 188 号
大同	陈安甫	鄞县	楔闸街 38 号
张岳记	张岳年	鄞县	东后街 149 号
朱和记	朱和尚	鄞县	国医街 5 号
新昌记	何孝昌	鄞县	二横街 6 号
张富记	张富记	鄞县	扬善路 9 号
汇利	邬安林	鄞县	中马路 329 号
泰昌	李安发	鄞县	中马路 32 号
宝昌泰	卢土根	鄞县	车站路
美华	周金官	宁海	车站路 41 号
永大	傅山	鄞县	开明街 104 号
鸿利	史有财	鄞县	中正北路 155 号
锦泰	吕燮唐	新昌	后马路 340 号

资料来源:宁波市档案馆,转引自宁波服装博物馆。

图 4-33 为 20 世纪 40 年代的马裤呢大衣。

图 4-33　20 世纪 40 年代马裤呢大衣(宁波服装博物馆藏品)

注:右袋上方贴黑缎商标一块,内容为"宁波纶华绸缎局时装部精制,东渡路 101 号"。机器缝制。

20 世纪 40 年代,宁波城区有帽店近 10 家,如同福昌帽店、仁记帽店、凤鸣帽店、徐凤宝帽店等,以"同福昌"为首,工场在咸塘街,在东门街设门市部。其余帽店多在东渡路、咸塘街和崔衙街(见图 4-34)。

图 4-34　老三进鞋帽店

3. 服装职业教育

"红帮"杰出代表顾天云祖籍下应顾家村,是红帮裁缝第四代传人(见图 4-35)。他早年在日本学艺,毕生从事西服行业。1933 年 10 月,他编写了我国第一部西服理论著作——《西服裁剪指南》。该书共分长袄系、礼服系、大衣系、短袄系、袖系、披肩系等六章,60 多年来几经劫难,存世甚少。1998 年,原荣昌祥呢绒西服号裁剪师吴沛天、原宁波三一服装店沈仁沛把精心保存的两本《西服裁剪指南》捐赠给了宁波服装博物馆。

风
从
海
上
来
——
宁
波
服
饰
时
尚
流
变

图 4-35　顾天云

中国第一家西服职业学校——上海市西服工艺学校于 1946 年 5 月筹建,顾天云先生被聘为校长。该校由上海西服商业同业公会 34 位名店经理联合发起成立,培养了不少西服裁剪和缝纫的高手,为中国服装业的变革和发展起了顶梁柱的作用。

第五章 涌动·转折
——当代宁波服饰文化(上)

第一节 新中国新姿态
——1949—1959 年

一、新时代与"革命"的服装趋势

　　1949 年 10 月,中华人民共和国成立。这是一个崭新的历史时期。从新中国成立伊始,即与封建主义和资本主义划清界限。旧的生活方式结束了,与之相关的一些文化现象也随之消失,服装则首先受到影响。人们穿"列宁装""青年装",不仅是一种服装的时尚,更成了"革命的姿态"。"纯真""热情"的字眼是那个年代的写照,那时年轻人似乎并不是把美、把装饰穿在身上,而是把建设、革命、热情和理想这样一些简单而崇高的理念穿在身上(见图 5-1、图 5-2、图 5-3)。

图 5-1   1949 年 5 月 24 日,人民解放军进驻溪口

风从海上来——宁波服饰时尚流变

图 5-2   1949 年 5 月 25 日,中国人民解放军跨过灵桥

图 5-3　宁波军民 1949 年 5 月 25 日在中山路集会游行，

庆祝宁波解放

二、民众服装

新旧交替，是新中国成立初期的着装现象。

一部分市民受西方着装规范的熏陶，在一定程度上保留了西装革履、旗袍和高跟皮鞋及一套潜移默化的西方着装礼仪。另一部分民众则基本保留了民国时期的习俗，如城市中男的穿开襟的长衫；女的穿旗袍。农村中男的穿中式的开襟短衫、长裤；女的穿右边开襟衫、长裤、长裙大襟衫；山区农民仍有穿自制土布的。此时衣服的面料主要是洋布、麻布、粗布。

而这种西洋服饰的遗痕连同原老城区非常严格的传统长衫马褂着装习俗，在工人、农民的服饰形象面前，显得陈旧，甚至带有旧时代的腐朽味。

另外，新中国刚刚成立不久，正处于经济发展的起步时期，工人、农民的政治经济地位有了很大提高，全市人民正全心投入经济建设工作中。

这时穿长衫、马褂和西服的人逐渐减少了,社会风气变成以朴素为美,服装出现了全国趋同的特点。

这一时期,整个社会提倡的服饰始终围绕着经济、实用、朴素、美观、大方的原则。人们在选择服装时,主要考虑服装穿的时间要比较长、新颖大方、省工省料、布料结实、色彩不宜太鲜艳、便于劳动等,这个时期的服装款式、色彩都比较单调。半个多世纪之后的今天,那个年代的人依然愿意用纯真、热情这样美好的字眼来形容20世纪50年代缺乏色彩的简单。直到今天,人们仍然愿意用赞美和怀念的笔触来记述那时候的一切。

1. 中山装

大批的解放军、干部开始进城,进城的干部多穿灰色的中山装。青年学生则怀着革命的热情,首先效仿,纷纷穿起象征革命的服装。随后,各行各业的人们争相效仿,很多人把长衫、西服改做成中山装或军服。中山装从20世纪50年代开始普及,并不是一成不变的,在款式上也是不断变化的。人们越来越多地穿中山装的同时,又根据中山装的特点,设计出了"人民装"。其款式特点是:尖角翻领、单排扣和有袋盖插袋,这种款式既庄重大方,又简洁单纯,也老少皆宜,当时穿人民装的年轻人很多。后来出现的青年装、学生装、军便装等,都有中山装的影子。

这些服装除了朴素实用外,还表现出了人们的革命热情。其面料主要是卡其布。

2. 列宁装

苏联的服装对我们的服装影响较大。其主要特点是:大翻领,单、双排扣,斜插袋,还可以系一条腰带。主要是妇女穿着,身穿一件列宁服,梳短发,给人一种整洁利落、朴素大方的感觉。

3. 连衣裙(音译为"布拉吉")

布拉吉本是苏联女子的日常服装,于20世纪50年代流传至中国。

在那个年代中国大众的视野中，多是苏联画报、期刊和电影，里面人物的着装和专门开辟的时装专栏间接地影响着中国大众，身穿"布拉吉"的援华女专家则成了大众直接模仿的对象。后来，中苏两国关系恶化，布拉吉的名称不用了，但"连衣裙"（布拉吉的意译名）一直沿用下来。当时的中国女装除了美化功能之外，还兼具表达政治倾向、表达社会主义国际阵容之间牢不可破的友谊的意识形态使命。

这种服装节省材料，穿着舒适，款式变化多样，领和袖变化随意，不受任何限制。

4. 花布棉袄

1956 年 1 月 28 日，青年团中央宣传部和全国妇联宣教部联合发表《关于改进服装的宣传意见》，该文件明确指出："在日常穿着的服装上仍然是颜色单调、式样一律，不仅和我们生活中的欢乐气氛很不协调，不能满足广大青年和妇女对服装的热烈要求，且为许多国际人士所不满。据我们了解服装改进缓慢的主要原因有两个，一是社会风气的束缚较大，二是服装式样少，好的花布少。我们提倡改进服装应当符合经济、实用、美观等原则。"2 月上旬，青年团中央、全国妇联等 25 家单位举行了一次"改进服装的座谈会"。在此后一段时间内，女青年们穿上了花布罩衫、绣花衬衣、花布裙子等。

花布棉袄的穿着方式上带有意识变革的痕迹。用鲜艳（一般多有红色）小花布做成的棉袄，采用具有农民文化特色的花布来做棉衣，以显示与工农的接近。

5. "一刀齐"

女学生发型一律齐耳垂直短发，宁波称"一刀齐"，农村和山区青年女子多留长辫（见图 5-4、图 5-5）。

图 5-4　1958 年象山第二钢铁厂
（中国象山港），女子"一刀齐"发式

图 5-5　20 世纪 50 年代宁波第一中学（即宁波中学）
校门口,梳辫子的女子

6. 西式分头

城乡男青年剃西式分头。

7. 干部帽

男子流行戴"干部帽"(圆顶或八角形,有舌)。

八角帽面料为呢,夹里为蓝色缎子。帽顶平面呈八边形,故称八角帽,前端有帽舌,呈半圆形,衬以硬片,前低后高。八角帽由苏联传入,是解放初流行的帽子(见图5-6、图5-7、图5-8)。

图 5-6　呢质八角帽(宁波服装博物馆藏品)

图 5-7　1950 年初镇海县委部分同志在县委花园合影

(《镇海老照片》),女子着列宁装

图 5-8　1952 年镇海首届工会会员代表大会全体
工作人员合影(《镇海老照片》),男子戴"干部帽"

三、服装产业

1. 纺织工业

新中国成立初,纺织企业开机率不足 1/3。1950 年 3 月,和丰、万信纱厂相继复工。次年后,政府实行发放贷款、委托加工等政策,扶植恢复生产,并组织私营企业联合。1956 年,实行全行业公私合营后,老市区纺织企业 10 家,产值 3906.5 万元,占老市区工业总产值的 27.98%,利润达86.67 万元。

1949 年,棉纺企业 5 家,产纯棉纱。1949 年,有布厂和棉制品工场 155 家,其中机器织布厂 11 家,其余为家庭作坊,共有布机 1400台,产棉布 307 万米,传统产品大昌哔叽、九恒毛蓝。当年 5 月城区有棉织厂 76 家。新中国成立后私营企业私私联营,1955 年产棉布 1502

万米,次年 2333 万米,至 1958 年合并为 10 家企业,形成了一定的规模(见表 5-1、表 5-2)。

表 5-1　1951 年首批私私联营织染厂

厂名	联营前厂名	联营家数	布机台数/台		资本/元	从业人数/人
			联营前	联营后		
五和	大华、长丰、复成、衍泰、民生、惠丰布厂、祥茂染坊	7	电动 28 人力 53	电动 40 人力 3	75000	158
合众	乾元、(丽)胜、慎丰恒、振华、大中、和华、庆元祥、华丰布厂,功茂染坊	9	人力 147	电动 24 人力 56	90300	205
新民	同大丰、宁光、天益、纬成、祥生布厂,天生染坊	6	人力 98	电动 24 人力 12	77200	111
甬江	大丰、新生、益胜、大成、金记、茂丰、家生、锦昌祥、瑞成、永安裕、铭信祥布厂,裕大染坊	12	人力 53	人力 40	40500	85
联合	美丰、经丰、正泰、祥康、裕生、锦丰、义丰布厂	7	人力 46	人力 23	17600	64
联工	王良记、兴丰、盈丰、大兴、大来、永安布厂	6	人力 52	人力 20	13400	75
协丰	裕成、毛元宏、甬成、华一布厂	4	人力 13	人力 9	6400	18
浙东	祥华、协成、天成布厂,源新染坊	4	人力 71	电动 30 人力 30	67000	127
大众	范志记、麟记、信宏、林逸记、正记、槐记、杏记、彩菊布厂	8	人力 12	人力 10	5650	16

资料来源:宁波市地方志编纂委员会:《宁波市志》,中华书局 1995 年版。

表 5-2　1949—1959 年主要纺织产品产量

年份	棉纱/吨	棉布/万米	印染布/万米
1949	1670	307	—
1950	1996	—	112
1951	3285	—	218
1952	4265	1055	238
1953	5100	—	264
1954	6352	—	171
1955	5227	1502	163
1956	5118	2333	123
1957	4701	2124	103
1958	9111	3120	226
1959	9220	3825	322

资料来源:宁波市地方志编纂委员会:《宁波市志》,中华书局 1995 年版。

2. 服装工业

中华人民共和国成立后,缝纫机("铁车")遍及城乡,手工成衣逐渐被半机械化替代。合作化时期,全地区缝纫业个体劳动者组织集体生产,大都为民间来料加工、单量、单裁、单制。20 世纪 50 年代末,农村人民公社陆续创办了一批集体服装社(组)。至 1956 年,老市区、奉化、余姚计有服装社(组)38 家,从业 1228 人。次年,老市区服装业按专业分工,建分社 9 家,从业者 360 余人。

但手工服装仍以其独特的作用和地位,为城乡劳动者所喜爱,以个体为主的手工裁缝师傅仍散见城乡。

主要服装企业如下:

1952 年,余姚办阳明服装社,从业者 18 人,年产值 2.1 万元。

1952 年,咸祥镇鄞县办威达西服厂。

1953 年,球山乡鄞县办第二服装厂。

1954 年，章耆巷办宁波服装一厂。

1954 年，宁穿路办宁波服装三厂。

1954 年，方桥镇办奉化第二服装厂。

1954 年，城关镇办宁海服装总厂。

1954 年，余姚镇办余姚服装厂。

1954 年，城关镇办镇海服装厂。

1955 年，老市区建立"服装生产合作社"，从业 32 人，产成衣 6467 件。

1956 年，创办"宁波服装总社"，从业 460 人，下设中心站 9 个，服务网点 80 余处，设备有脚踏缝纫机等，承接百货公司及市民的来料加工，生产普通服装、劳保服、蚊帐及杂件等。

1958 年，洪圣巷创办宁波服装六厂。

1958 年，宁徐路创办宁波服装七厂。

主要针织企业：

浙东针织厂：1951 年 8 月，公营浙东针织厂成立，设备 14 台，年产纯棉棉毛衫裤、绒衫裤、汗衫等 2.32 万件，次年增至 42.46 万件。

宁波袜厂：1955 年，建宁波袜厂(今宁波第二针织厂)，产纱线袜，后又产化纤弹力袜、卡丝袜等。

第二节　艰苦朴素为潮流

——1959—1969 年

一、时代环境与服装趋势

20 世纪 60 年代初期的自然灾害和中期的"文革"，使中国进入了一个特殊的历史时期。从总体形势看，"文革"时期，中国与国际文化和经济组织不再发生联系，国家或民间的文化交往少之又少。

20 世纪 60 年代初期，国家经历困难时期，粮食、棉花大量减产，人们买服装、棉布、日用纺织品都要凭布票。为了尽可能地节约布料,服装一般选择结实的布料和耐脏的颜色。父母给孩子添衣顾不上全身和美观,而是要考虑孩子还要长高,衣服买大一些,可以多穿几年;孩子多的家庭,还要考虑大孩子穿过的衣服,之后弟弟妹妹可以接着穿。孩子们盼望过春节,其中很重要的一点就是,过春节可以穿上新衣服。三年困难时期,蓝、灰、黑色服装非常普遍,季节不分、男女无异的服装样式也更通行了。

1966年"文革"开始,宁波也毫不例外,卷入了史无前例的政治运动中。

如1966年8月21日,市第五中学开始成立"红卫兵"组织,后立即遍及学校、工厂、农村社队、机关团体。8月下旬,"红卫兵"破"四旧"(旧思想、旧文化、旧风俗、旧习惯),一些文物古迹、文献古籍遭到破坏损失。

1967年6月24日"浙江宁波工人革命造反联合总指挥部"(简称"工联总")宣称成立。7月30日,"宁波革命造反联合总指挥部"(简称"宁联总")也宣称成立。随之,形成两大派较长时间的对峙、抗衡,武斗不断。如此等等,生产、生活受到严重影响。

服装首先受到冲击。西服和旗袍被定为"四旧",一些有西服的人怕被抄家,就把西服之类的服装拆掉。西装彻底离开了中国人,不分年龄、职业、身份、地位甚至性别,大家都穿上了中山装或干部装。纺织品和服装的生产也受到极左路线的影响,很多受人们欢迎的服装面料和服装款式被莫名其妙地戴上了"四旧"的帽子,有些花色品种被批判为反动图案。本来已经日益丰富多彩的服装,这时重新变得单调起来。本来是一些正常的穿着,只是稍稍鲜艳一点,就被指责为"追求资产阶级生活方式"。裤脚的大小,有红卫兵用尺子量过。浸透汗水、打着补丁的咔叽布工装,斜纹布军装,洗得发白的中山装,共同引领着朴素的潮流。"新三年,旧三年,缝缝补补又三年",是褒奖,更是无奈。

"文革"时期,毛泽东穿上军装,戴上红卫兵袖章,在天安门城楼检阅了数以千万计的红卫兵。受到鼓舞的女学生们把长辫子剪成短发,梳成两个小辫子,戴上军帽,穿上军装,腰扎皮带,足蹬解放鞋,几乎和男同学一个模样。那时,军装是最时髦、最体现革命化的服装。身穿绿军装、腰束武装带的装束风靡全国。男女老少或者穿着肥肥大大的绿色军装,或者是"一身蓝""一身灰"的中山装和它的变异服装。而男装和女装仅在领子、口袋和腰身上略有区别(见图5-9)。

图 5-9　1968 年镇海鼓楼前活动(《镇海老照片》)

二、民众服装

1. 新阿大,旧阿二,破阿三,补阿四,烂阿五

三年严重困难,由于经济落后,人们以穿打补丁的衣服为荣,所以即使稍富裕的家庭,也会滑稽地在并没有破的衣裤上缝上几个补丁。宁波俗语"新阿大,旧阿二,破阿三,补阿四,烂阿五",是当时生活和服装穿着的写照。

记得小时候，我家住在农村，家里姐妹四个，穿衣服相当节省，往往是大姐穿了二姐穿，二姐穿了老三穿，轮到小妹，那已经是非常破了。我是家里的老三，所以只有穿旧衣服的份了。

那时我常常自己缝补衣服，衣服脱线了，磨出了小洞，大人没有空，就自己动手修补，因为经常做，也把缝补技术练习得非常熟练，缝出来的衣服针脚工整得很呢。（讲述人：小树叶。李浙杭、赵晓亮：《宁波市纪念改革开放 30 周年优秀征文选》，2009 年，第 132 页）

我生于 1955 年 1 月，第一个 10 年，我遇上了"大跃进"、"三年严重困难"。10 岁那年，母亲给我做了一件大白细布衬衣。说是白衬衣，其实是淡土黄色的。母亲还安慰我说："别急，用碱水煮一下，就会变白了。"

第二个 10 年，我碰上了"文化大革命"和"批林批孔"，母亲特地用攒下来的选购券为我扯了一块蓝色涤卡，要给我做一件中山装，我高兴得不得了。母亲和我到当时宁波做涤卡中山装最著名的服装厂——宁波第三服装厂量身定做。当师傅量好尺寸时，母亲却坚持要求师傅把尺寸再放大一点。到了取衣的日子，我一试衣服明显有点宽大，并不十分合身，母亲见了却说："大一点好，人还会长高呢，以后找朋友（处对象）还能穿！"（讲述人：小树叶。李浙杭、赵晓亮：《宁波市纪念改革开放 30 周年优秀征文选》，2009 年，第 123 页）

30 年前，一家几口人一年四季的衣服，一个衣橱就可以轻松装下。用好听的话讲，人们的衣着穿戴以艰苦朴素为荣，其实根本上还是供应紧张。那时买布得有布票，一个人一年就给三四米布，加上挣得也少，一个月三四十元钱的工资，想置办件新衣裳得在过年时。

那时我已经有三个孩子了，我亲手给老大做了一条蓝色的布裤子，第一年穿后因为没有补丁，于是就给老二穿；当时把老二开心得那条裤子一年四季都穿在身上；可等到老三穿时，已经是破了几个洞洞,虽然老三不乐意,但也没有办法。老大穿完老二穿,老二穿完缝缝补补老三接着穿。老三就在全家衣服链的最底端,但这在当时的各个家庭里是很常见的事。如今,我家老三条件好了,衣服是一堆堆地买,换季时清理衣柜总是和我说,还是以前好,穿上一件衣服就出门,现在出门都不知道穿哪件好了。(讲述人:李金娣,70岁,原宁波市服装一厂退休工人。引自《从"蓝蚂蚁"到"花蝴蝶"》,《东南商报》2008年10月20日)

2. 革命化、军事化色彩

"文革"运动发起时,辫发和金银戒指、耳环、手镯等成为封建主义的"残渣余孽";烫发、项链、胸花和曾小范围流行的瘦腿裤(被称为"阿飞裤"),即所谓"小流氓衣装",已成为当然的资本主义的腐朽事物,该当铲除而去(见图5-10)。有一首童谣描写了这种打扮:

图5-10　1966年底,孩子们模仿大人装束

阿飞阿飞经犯关,小脚裤子花背单,

阿毛饭店吃泡饭,打起电话三〇三。

这一时期民众的服装特点,有以下几个关键词。

(1)绿军衣(军便服)

全国人民认为最革命的服饰形象应是中国人民解放军军人形象。于是,在发起与响应"全国人民学习解放军"口号的同时,也掀起了全民着装仿军服的热潮。那时,军装是最时髦、最体现革命化的服装,谁都想搞到一套,没有全套,半身也行;没有新的,旧的也行,而且越旧越说明资格老。军服潮波澜壮阔地发展,在中国每一个角落都引发热烈的反响,并延续了近 20 年。直至 20 世纪 80 年代末,军用棉大衣还为各阶层男女老少所钟爱(见图 5-11)。

风从海上来——宁波服饰时尚流变

图 5-11　绿军装(《镇海老照片》)

(2)袖套笼

袖套是为保护"少而珍"的服装而出现的附属品。袖套多用旧棉布制成,主要在干活时套在衣袖上,以免磨损和弄脏衣服。那时无论男女老幼一般都有几副袖套(见图 5-12)。

图 5-12　农村老妇,摄于 1973 年(《镇海老照片》)。袖套、布襕不离身

（3）卫生裤

卫生裤曾于 20 世纪六七十年代流行,是棉织品,里层有绒,也被称为"绒衣",颜色多为绿色、枣红色,主要是秋冬季和早春季节穿着。

那个时候,一般人家多半是穿一条单裤或套穿两条单裤过冬,能穿上卫生裤的已算上等家庭了,穿毛裤的则少之又少。当时穿上卫生裤的多数是"空心"穿法,即没有棉毛裤间隔。因卫生裤难洗且不易干,常常是一穿就一两月不换,故常有异味,但在当时,这已算不上是什么毛病了。

（4）灯芯绒

刚生产出来时,新娘常以大红灯芯绒做婚服。

（5）解"回丝"

"回丝"即废棉纱,以前很多骑自行车的人坐垫底下都有,一团团的,主要用于擦洗汽车、擦拭机器。解"回丝",是一件需要耐心的活,要仔细找到一条线的头和尾,然后再一段一段地接,接头当然越小越好。偶尔发现成绞的次品线,那是最开心的。用这种线织出来的衣裤,背面虽然有无数个棉线头,但总算帮助我们织成了一件衣服,度过了物资匮乏的年代。

(6)拆手套

手套不是用来戴的,而是用来"拆"的。20世纪六七十年代,很多单位都会按月给职工发放劳保用品,其中就有纱线手套,把白纱线手套拆成线,绕成团,代替毛线编织成线衣线裤,穿在身上,既柔软又暖和,而且经济实惠。

三、服装产业

1.纺织工业

1957年建立的红星纺织厂于1960年购置灯芯绒布机120台,产门幅42/2×21灯芯绒100万米,为省内首家。

1964年,研制投产纯粘纤哔叽、东方呢和棉粘、棉维混纺布,次年产值达1.77亿元。1966—1969年,老市区纺织工业产值、利润分别下降6%和34.68%。

1964年,首次化纤印染成功,余姚久丰纱厂、人丰布厂分别提供粘胶纱线、坯布,由恒丰印染织厂染整毛型粘胶印染布,产门幅24/2×24哔叽、24/2×24东方呢10余万米,为市内首批印染产品。

20世纪60年代中期增产混纺纱,1962年产棉布1973万米。

1969年,宁海丝厂建立,有缫丝机48台。

1960—1969年主要纺织产品产量见表5-3。

表5-3　1960—1969年主要纺织产品产量

年份	棉纱/吨	棉布/万米	印染布/万米
1960	6842	3534	233
1961	4592	2276	139

年份	棉纱/吨	棉布/万米	印染布/万米
1962	4374	1973	142
1963	3902	2286	116
1964	5608	2907	146
1965	7296	3695	575
1966	8893	3934	1236
1967	8875	4217	1154
1968	7042	3339	866
1969	9238	3776	1264

资料来源:宁波市地方志编纂委员会:《宁波市志》,中华书局1995年版。

2.服装工业

20世纪60年代初,受三年严重困难影响,棉花歉收,棉布供应紧张。每人年发布票一尺八寸,一般只能用以修补旧衣,服装加工业萎缩。缝纫行业另辟修旧补洞、拆旧翻新和劳保服装、蚊帐加工等业务。部分缝纫工精简,服装生产合作社减少,个体服装店增多。农村人民公社新办一批服装生产企业,以满足农民需要。

1960年,宁波服装四社(今服装一厂)首产出口联邦德国绒布男衬衫5万件、出口苏联人造丝印条男衬衫6000件,外贸收购值29.1万元。1965年,成立市服装鞋帽公司,隶属市手工业联社,下设生产合作社21家,产土布工作服,为百货公司加工产品,产值847.65万元,利润33.08万元。

1962年,中山东路建宁波服装四厂。

1969年,茅山乡建鄞县长江服装厂。

1968年,大桥镇建奉化四季服装厂。

第三节 "上海制造"成风

——1969—1979 年

一、时代环境与服饰趋势

20 世纪 70 年代,宁波同全国各地一样,经历了"文革"后期、"割资本主义尾巴"、"批林批孔"、"农业学大寨"等政治运动,也经历了 1976 年欢庆粉碎"四人帮"反革命集团的伟大胜利的历史事件,1978 年底更是迎来了党的十一届三中全会,明确了将工作着重点转移到社会主义现代化建设上来。

但整个经济形势还是停留在低位,1978 年,宁波市生产总值 20.17 亿元,财政收入 4.97 亿元,市民年人均可支配收入 306 元。

在 20 世纪 70 年代,中国服装被老外称作是"灰蚂蚁""蓝蚂蚁",它们蠕动在大江南北的大街小巷。无论男女老少,也不管是何种职业,大家都穿着一模一样的衣服,千人一面、万人一体,个性不能张扬。"全民皆兵"作为一种国民意识,渗透到了中国人日常生活的各个方面,这一时期的服装最集中最显著地反映出意识形态的官方倾向。后来,人们还对天蓝色及红色大翻领的运动装情有独钟,因为它们常被穿在深受爱戴的乒乓球国手身上,尽管在那时,他们还不敢被老百姓公然称作为心目中的偶像(见图 5-13)。

20 世纪 60 年代后期至 70 年代初,人造棉等化纤面料问世,服装面料的品种、花色变得十分丰富,许多人开始摆脱老三色、老三样服装,追求新的服装式样。女性青年的服装从款式、面料到色彩都丰富多了。人们除了在裁缝店加工服装外,还喜欢购买成衣,图其方便、省事。这种转变是服装发展的必然趋势,给纺织和服装工业带来了一次大的飞跃,对中国服装业的振兴起到了很大的促进作用(见图 5-14)。

图 5-13　1973 年文艺宣传队下山村时的服饰

（余德富等拍摄）

图 5-14　1978 年,镇海城关后大街(《镇海老照片》),

人们的穿着明朗起来了

1978 年,中国服装终于迎来了自己的重大转折。从单一走向多元,服装业经历着改革前的剧烈阵痛。国家领导人率先穿出了新式双排扣西服,开启了中国服装和西方沟通的大门。西方流行的各种款式纷纷涌入国内,从喇叭裤、牛仔服、运动装到职业装,无不打上西方的烙印。

从服装总趋势看,20 世纪 70 年代是一个很模糊的年代,也是一个社会巨变的年代,横跨了前期时尚的匮乏与后期社会变革带来的时尚启蒙两个阶段。

二、民众服装——"吃吃咸齑汤,搽搽珍珠霜"

宁波俗语说,"吃吃咸齑汤,搽搽珍珠霜"。咸齑,是宁波特产,咸齑汤,是简单、省钱的小菜;搽,即涂抹;珍珠霜是曾于 20 世纪 70 年代末 80 年代初流行一时的高档护肤化妆品。

虽然物资仍旧匮乏,但人们的爱美意识势不可挡。这是 20 世纪 70 年代的时代特点。笼罩在这片土地上的愁云正在散去,社会正经历着历史性的解冻。上述俗语很好地反映了这一时期宁波人民的经济状态和服饰文化追求。而这一时期的民众服装特点,也出现了新的关键词。

1. 上海制造

宁波人与全国其他各地一样,只要到上海出差,总会替身边的亲朋好友捎买大量的服装,这在今天几乎难以想象。"上海制造"一度成为中国服装时尚与潮流的代名词。

2. "的确良"

20 世纪 70 年代中后期,市面上开始出现一种叫"的确良"的新面料,用它做出的衣服,挺括、滑爽,花色鲜亮,洗后不缩水、不起皱。在那个年代,拥有一件的确良衬衫,绝对是时髦、洋气的象征,特别是"月白蓝"。年过 60 的王女士回忆,当时的确良虽不用布票,但价钱贵,一市尺要一元多,这与当时每月工资只有 36 元的标准相比,算是非常奢侈了,并不是人人都舍得买的确良布做衣裳的。一些爱美的女性宁愿少吃点,也要从牙齿缝里省下钱来买一件的确良衬衫。实际上,的确良是一种化纤织物,穿起来并不凉快,但是在当时清一色粗布粗衣的年月里,的确良的出现为老百姓沉闷的服装世界带来了一股清风。女性从牙缝里抠出钱来置办的确良,男人们也穿起了雪白的的确良衬衣。而且衣服的剪裁不再如20世纪60年代那样都是纯粹的H型,而是多了许多如"掐腰"之类的设计,让衣服稍微体现出一点曲线美。那时,大家都很崇拜上海货,总是千方百计托亲戚朋友从上海带衣服。

3. 假领头

在那个色彩灰暗的年代,人们的爱美之心仍然会以各种方式悄悄表现出来。假领头就是那个年代老百姓聪明才智的体现。在物质贫瘠的年代,做一件衣服价钱很贵,且需要布票。而假领子用料少,花钱不多,穿在外衣里面,露出的衣领像是穿了衬衣一样,可以以假乱真,男女老少都适用。

市民杨成在《告别假领》中这样说:

> 那是1978年的一天,村里来了一个北京青年,因聊得十分投机,大伙儿便留他多住几天。可到了晚上睡觉的时候,有人发现这家伙是个"流氓"——他身上竟穿着女人的"胸罩"! 大伙气愤了,立即赶他走。这位北京青年开始觉得莫名其妙,当弄清楚赶他走的原因后,不由开怀大笑。他笑着拿起"胸罩"告诉我们,这是"假领子"。
>
> "假领子"? 大伙好奇地围过来细看,原来这"假领子"是一个衣领带一点肩,没有袖子,也没有下半截衣服,正面有三颗组扣,两边缝一条带子,可套在胳肢窝下。穿上外衣,里边的领子露出来,就像是里边穿了件衬衣似的,很是美观整洁。北京青年告诉我们,这种假领子换洗方便,也很便宜,才1元多钱一条,而且不用布票。说得大伙都动心了,纷纷请他回去后代我们购买"假领子"。(讲述人:小树叶。李浙杭、赵晓亮:《宁波市纪念改革开放30周年优秀征文选》,2009年,第123页)

4. 珍珠霜

当时以上海家化为代表的上海护肤品风靡全国,包括美加净、郁美净、孩儿面、皇后牌珍珠膏、百雀羚、雅霜这样的老牌化妆品等品牌都是时髦货。估计 20 世纪 70 年代和 80 年代的人都用过的。

5. 尼龙袜

尼龙袜的出现源于中国的纺织业从纯棉时代开始走向多元化。中国人开始能自制尼龙和腈纶。宁波曾流行过这么一句话:"年轻人翻行头,尼龙袜、松筋鞋,黄包裤子双行头……"

尼龙袜因易洗易干、结实耐用、伸缩性好、花色多样而吸引了全中国的男女老幼。一时间,拥有几双尼龙袜或是否有漂亮尼龙袜成为引人注目的焦点。尼龙袜抢手,进袜厂工作的姑娘成了宠儿。

当时地处边远山区的家乡兴办起二爿尼龙袜厂,一爿是鄞县袜厂,另一爿是宁波第二袜厂,后来还声名远播。那时看见一些进厂的女工,手挈小方篮,每天按时上下班,衣裳穿得清清爽爽。那时候进厂织尼龙袜做机修工非常吃香,没有一点"路道"和"面子"是进不去的。而二爿尼龙袜厂织出来的袜子,一时成了家乡小镇的主要支柱产业。

当尼龙袜还未"诞生"之前,家乡人穿的大多是棉纱袜。棉纱袜虽柔软舒适吸收脚汗,但弹性不如尼龙袜子好,每逢赶路没走上几步,棉纱袜就慢慢地滑下来缩到脚背面上了。有时候人弯倒爬起,拉了又拉,走在路上,既不雅观,又不保暖。那时丝袜的漂染技术也远远比不上现在,一些棉纱袜穿过后两脚会黑不溜秋的,洗一次褪一次色彩,直到最后泛白泛黄。棉纱袜还织得不够结实,容易磨破。过去不像现在,丝袜一破干脆就一扔了之,当时一两元一双的袜子不到万不得已是舍不得丢弃的。

家乡尼龙袜厂开办后,着实把棉纱袜彻底冷落了,虽尼龙袜的价格比棉纱袜要高些,但它弹性好、质地软,又耐磨结实、保暖性好,加上尼龙袜机械化大批量生产,织出的袜子不仅精致且漂亮耐穿,因而也赢得了小镇人的青睐。记得有一次我去宁波培训小住,忘记再带一双换洗尼龙袜子,一到晚上我就把脚上穿的袜子脱下洗净晾干,第二天早上又照例穿上。好在尼龙袜是容易洗也容易干。(谢良宏:《曾经风行的尼龙袜》,《宁波晚报》2008 年 10 月 12 日)

6. 上海牌手表

20 世纪 70 年代,上海牌手表是要凭票购买的,在宁波人心中,上海牌手表实际上是一种高档饰物。当时物资匮乏,一般的百姓家里能有只闹钟就不错了,至于手表,在大多数人的眼里是个稀罕物,若是手腕上戴只手表,那一定会让人羡慕死了。为此,儿童们常常用圆珠笔或钢笔在手腕上"画手表",还小心翼翼地在表的下方写上"上海"二字,以表示手表的"珍贵"。

7. 塑料凉鞋

塑料凉鞋坏了还能自己修理,用钢锯条片放炉中烧热,再把备用塑料片焊在坏的部位,又能穿了。有的人还用棉线缝补,不到最后一刻绝不扔掉。

8. 白球鞋

白帆布运动鞋有脚背一条宽松紧带的款式,也有系鞋带的款式,具有同等怀念价值的东西还有与小白鞋相匹配的白鞋粉。

9. 黑布鞋

黑布鞋是个永远和母亲联系在一起的名词。那种慈母一针一线纳出来的鞋,黑色洗得旧旧的,略显灰白,以前鞋底是由布底合起,后来是塑胶底的,穿着很硬。

10. 柯湘头

当时流行过一种"柯湘"式发型。柯湘是样板戏《杜鹃山》的女主角,头发长度在耳朵以下、肩膀以上；头顶二八分路，用电吹风吹出自然的蓬松感，头发垂直地挂下来，不做其他任何修饰(见图5-15)。

图 5-15　京剧样板戏《杜鹃山》剧照

11. 彩色丝带、塑料发卡

用来扎头发的一般是橡皮筋外卷彩色绒线，后来又有透明的彩色塑料绳、彩色丝带，心思灵巧的女孩会在发梢处扎一个小巧的蝴蝶结。还有一种塑料发卡也很流行。

12. 雪花膏

20世纪70年代初，人们搽脸用的是雪花膏，平时不用，只有到了冬季才用。友谊牌雪花膏香而不熏，重要的是很便宜，在广阔的农村更是稀有品，成为很多农村男青年谈对象的恋爱礼物。

三、服装产业

1. 纺织工业

1978年，宁波市纺织工业局成立，所属企业24家，其中全民所有制企业16家、集体所有制企业8家,职工13278人,产值2.33亿元。化纤纱占棉纱总产量的15%,涤棉化纤布占棉布总产量的2.77%,化纤针织衫裤占针织衫裤总产量的48.22%,化纤针织袜占针织袜总产量的55.33%。全行业产值4.21亿元,占全市工业总产值的17.34%。次年起,和丰、万信、人丰等企业进行技术改造,增置纱锭5.2万枚、布机2000台、印染生产线6条;县(市)、区、乡镇兴建纺织企业。

(1)棉纺

20世纪70年代中后期生产化纤纱,主产品仍为纯棉纱(见表5-4、表5-5)。

表5-4　1970—1976年主要纺织产品产量

年份	棉纱/吨	棉布/万米	印染布/万米
1970	10436	4484	1537
1971	9546	4110	2412
1972	9782	4186	2165
1973	10617	4811	2422
1974	10145	4429	1119
1975	11833	5022	1901
1976	12432	5372	2569

表5-5　1977—1979年主要纺织产品产量

年份	棉纱/吨	棉布/万米	印染布/万米	化纤/吨
1977	12886	6761	2615	
1978	13866	7515	3659	511
1979	14898	8173	4159	3841

（2）针织

1970年起，先后设宁波针织厂（原鄞县针织坯布厂）、宁海针织厂、象山针织厂、象山针织服装厂等6家，生产全棉T恤衫、印花裙袍、弹力背心、文化衫、运动衫裤等。其后，尼龙面料兴起，乡镇办针织厂家数量剧增。

（3）丝绸

至1978年，各县有丝绸企业8家，其中丝厂3家，丝织厂和绸厂5家。宁海、鄞县、奉化丝厂较具规模，主产白厂丝，年产量172.57吨。镇海丝织厂（今宁波丝织厂）有织机212台，主产丝绸被面、乔其纱、条羽纱、桑波缎等真丝绸、交织绸。象山丝织厂有织机168台，主产电力纺、软缎被面、丝绵斜纹绸等。奉化绸厂（今奉化丝织厂）有织机120台，主产桑蚕丝、人造丝、合纤丝及交织绸缎。1978—1980年，乡镇麻纺企业20余家转产丝织品（见图5-16、图5-17）。

图5-16　1978年镇海丝织厂挡车女工在进行劳动竞赛（《镇海老照片》）

图 5-17　1978 年镇海棉纺厂职工"向工业学大庆"会议报喜(《镇海老照片》)

2. 服装工业

这一时期,宁波服装业实现了第一次飞跃。

20 世纪 70 年代后期,世界纺织与服装业在全球范围内发生了两次大的产业结构调整,西方发达国家的服装工业呈现出一种扩散和区域多维转移的态势。他们把服装生产中消耗劳动多、技术简单和批量较大的部分生产过程转移到劳动力廉价的国家,中国是他们最理想的选择。这是宁波服装业第一次飞跃的国际背景。

从 1976 年开始,宁波服装以宁波市区及奉化、鄞县区域性服装业开始大量接受海内外来料加工,到 1986 年已逐渐形成庞大的服装加工群。特别是奉化市服装业得到空前大发展,服装企业如雨后春笋般出现,10 年中办起了各类服装厂 700 多家,拥有 70 多条生产流水线。

但是,在众多的厂家之中,几乎没有一家是搞经营的,大都是为上海的服装公司代加工,打上海等地方的品牌。尽管产品质量无可挑剔,但工厂没有知名度,利润也十分微薄,加工一件衬衫只得几角钱,加工一套西服利润也只有几元人民币。加工的服装品种单一,多数是"老三件":西装、大衣、中山装,制作的布料也多数是"老三样":直贡呢、将军呢、华达呢,辅料厚、重、硬,企业只有按样加工,没有自主权。

宁波市区有 8 家服装厂,有 90% 的企业接受来料加工,但也同样带来了服装业的繁荣。1976—1986 年 10 年服装总产量比 1950—1976 年 26 年的总产量翻了三番多。但也由于加工工费低廉,企业得益不多,影响自我滚动发展。

1973 年,增设镇明综合社(服装五厂)、海曙综合社(服装六厂)、江东综合社和江北综合社 4 家。

1973 年,岐阳乡开设鄞县精美服装厂。

1975 年,鄞县、奉化、余姚、镇海等县的社队兴办服装企业。

1976 年,设余姚服装厂,引进生产设备,实行机械化生产。

1977 年,宁波服装一厂、三厂产衬衫、睡衣、睡裤等,出口 33.8 万件,销往东南亚地区。

第六章 开放·自信
——当代宁波服饰文化(下)

第一节 开放、回归、叛逆
——1979—1989 年

一、时代环境与服装趋势

1. 改革开放是势不可挡的历史潮流,宁波人民以高昂的干劲融入这一伟大的实践中

这一时期宁波大事不断:

1979 年 2 月 4 日至 13 日,宁波市委召开扩大会议,贯彻党的十一届三中全会精神,把工作着重点转移到社会主义现代化建设上来。同年 6 月 1 日,宁波港对外开放。

1980 年 1 月 8 日,开始办理个体工商业户登记发证。10 月,农村开始推行家庭联产承包责任制;至 1982 年 9 月,有 96% 的生产队实行。

1983 年 3 月 31 日,全面推行集体商业承包经营责任制。

1983 年 12 月 1 日起,棉布敞开供应,结束 30 年凭票供应的历史。

1984 年 10 月 18 日,国务院批准在小港兴办宁波经济技术开发区,面积达 3.9 平方千米。10 月 28 日至 30 日,香港环球集团董事会主席包玉刚和夫人黄秀英在 1950 年后首次访问家乡,捐赠相当于人民币 5000 万元的等值美元创建宁波大学。11 月 16 日,借庄桥机场军民两用,甬沪航空线开通,宁波历史上开始有民航班机。

1987 年 2 月 24 日,国务院批准,宁波市在国家计划中实行单列,赋予其相当于省一级的经济管理权限。

2. 1979 年,对世界敞开国门,西方现代文明迅疾涌入质朴的中国大地,港台时尚迅速传入

20 世纪 80 年代初的电影《庐山恋》,久违了的爱情故事,为青年人开阔了眼界,女主角多变的新颖时装,令人耳目一新;80 年代初,邓丽君甜美的歌声为尘封已久的人们打开了一扇通向世界的大门,走出精神禁锢,人性得到回归;电视开始进入百姓家,使人们的视野逐步开阔。

改革开放是服饰的一个巨大转折点,服装迎来了五彩缤纷的美好春光。20 世纪 80 年代,刚从单一刻板的衣着中解放出来的国人,对"美"的追求直接而迫切,鲜艳的颜色和夸张的款式受到追捧。

纺织服装业的发展离不开专业人才。1979 年初,为了适应加快实现"四个现代化"的需要和适当满足广大青年学生的求知欲望,中共浙江省委决定在宁波创办浙江工学院宁波分校,校址设在原海曙区布政巷小学。1979 年 12 月 4 日,浙江工学院宁波分校正式成立。1980 年初,根据国民经济"调整、改革、整顿、提高"的八字方针,为更好地培养人才,为"四化"建设服务,宁波市工交办公室和浙江省一轻局经过决议,决定在浙江工学院宁波分校基础上建立浙江省纺织工业学校,就此揭开了宁波市纺织服装专业教育的序幕。

二、民众服装

这一时期,民众的服装特色涌现出了新的关键词。

1. 喇叭裤

喇叭裤是改革开放后最早进入中国的流行服装,但由于臀腿部位包紧凸显线条,在当时最先穿喇叭裤的人都被视作"流氓"。20世纪80年代初,在现在的中山东路上看到留着大鬓角、戴着不揭下商标的"蛤蟆镜"、穿着花格子衬衣和喇叭裤、手中提着双卡收录机的小年轻,人们叫他们"阿飞""业余华侨",当时这无疑就是流氓的代名词。

> 我印象最深的就是喇叭裤,屁股绷得紧紧的,而裤脚很宽大,走起路来,扫得灰尘四起。记得那时候我们学校采取了应对措施,老师手持剪刀站在校门口,见到喇叭裤,"咔嚓咔嚓"就剪。记得我们班的一个男生新买的喇叭裤被剪成两截后,当场就大哭。(讲述人:周强,46岁,市某外贸公司总经理。引自《从"蓝蚂蚁"到"花蝴蝶"》,《东南商报》"我与改革开放三十年",2008年10月20日)

尽管如此,却没有什么可以阻挡喇叭裤在中国的"冒险"与普及,它让国人的眼界大开,年轻人纷纷追逐仿效。

2. 蛤蟆镜

太阳镜于20世纪70年代末再度传入中国时,正值流行"蛤蟆式"和"熊猫式",因类同蛤蟆、熊猫眼或眼圈形而得名,镜面很大。太阳镜片上方的商标是万万不能撕下来的。

3. 长头发

20世纪80年代初,年轻人穿上一条喇叭裤、戴个蛤蟆镜,再留一头长发,招摇过市,回头率很高,对当时千人一面的穿着产生了极大的视觉冲击和震动。这种打扮被视为"不男不女、奇装异服",甚至成了"不三不四、流里流气"的代名词。因此,当时有些学校的老师与班干部守在学校门口,不许穿喇叭裤者进入校园。笔者的大学同学就曾因这样的打扮,被系总支书记找去谈话好几次。

4. 红裙子

1984 年拍摄的电影《街上流行红裙子》,反映的是纺织厂的女劳模与漂亮裙子之间的矛盾冲突,由当时的偶像级女星姜黎黎和赵静主演。银幕上的"红裙子",是中国女性从单一刻板的服装样式中解放出来,开始追求符合女性自身特点的服装色彩和样式的标志性道具,它标志着一个多样化、多色彩的女性服装时代正式到来。

5. 张瑜头

1981 年,张瑜主演的电影《小街》上映。"张瑜头"很快风靡全国,爱美的女孩子纷纷剪掉自己多年不变的长发,宁波女孩也不例外。这一现象也同时反映出明星对当时服装潮流的巨大影响(见图 6-1)。

图 6-1　1981 年《小街》剧照

6. 礼帽

20 世纪 80 年代初,一部 20 集的电视连续剧——《上海滩》热播,创下30％的高收视率,《上海滩》的诱惑力由此可见一斑。《上海滩》中许文强的扮演者周润发戴着呢帽出场的潇洒场面令许多男士为之倾倒,纷纷效仿,争购礼帽,一时间戴礼帽成为一大时尚标志。

7. 健美裤

健美裤也叫踏脚裤,当时人们不管胖瘦,都穿健美裤,为了曲线,不仅女生人手一条,就连男生也穿,主要有黑白灰三种颜色。

8. 蝙蝠衫

20 世纪 80 年代初流行蝙蝠衫。这是一种在两袖张开时仿佛蝙蝠翅膀的样式。具体为领型多样,袖与身为一体,袖窿无缝合线,下摆紧收。后又演变成蝙蝠式外套、蝙蝠式大衣和夹克等,这时已有肩但呈放宽状,袖子上端肥大,与衣身分开。

9. 华达呢中山装

　　那是 1982 年,准备结婚。结婚用品已经基本具备。而我婚礼仪式上要穿的"拜堂衣"却还没有着落。那时时兴穿华达呢中山装。后来到上海购买。我们从上午到下午,从南京东路一直逛到南京西路,终于在一家叫亨生的服装店觅到了一件 128 元的华达呢中山装,颜色深藏青,正是我喜欢的,一试穿也很合身,虽说已经超出了预算,但咬咬牙还是买下了。

　　这件华达呢中山装,因为贵,因为来之不易,我平时是不舍得穿的,一直齐齐整整挂在衣橱里,只有在"做人客,拜菩萨"时才穿上它风光一下。(讲述人:万之。引自:《我的"拜堂衣"》,《宁波晚报》"我与服装时尚"有奖征文,2008 年)

10. 西服

1984 年,中国人沿用了几十年的布票彻底取消,这犹如一声春雷响起,服装市场迅速升温。这一年,男士西服开始流行,从各级领导人到平民百姓,纷纷告别中山装,换上了西服。但西装在那时是奢侈品,很多人只能租借,而不是购买。那时男士喜欢把双排纽扣西装解开,裤子上爱挂串钥匙。西服普及但穿法"多样",镇海籍著名画家贺友直有感而画,于

2002 年作《西装普及图》,让人忍俊不禁(见图6-2)。

图 6-2　西装普及图,友直有感而作

11. 烫发

20 世纪 80 年代以来,流行烫发。女士流行最多的有"直发盘卷""大波浪""翻翘式""小波浪",也有男士烫发。

> "逢年过节烫头发那是最时髦的。当时个体理发店少,因此过年前也是我们一年中最忙的时候。"原国营容光美容美发店员工殷银凤回忆,"当初店里每到过年前半个月就取消所有的休假,来烫发的顾客多得在门外排起长队,工作人员每天要从早上 7 点半忙到晚上 10 点以后,一个人一天要为几十个客人烫头发,不少理发师的手都被药水烧破、浸肿,也有把脚给站肿的,除夕夜也要加班到晚上 10 点。""有的市民为了能在过年前烫头发甚至通宵排队。"(讲述人:殷银凤原国营容光美容美发店员工。引自《过年前市民曾为烫发通宵排队》,《东南商报》2008 年 12 月 6 日)

12. 太子裤

太子裤是一种裤裆裤腰肥大,裤腿较细的裤子(见图 6-3)。

图 6-3　小虎队穿的就是风靡一时的太子裤,青年竞相模仿

13. 黑色"丁字形"皮鞋

黑色搭扣的皮鞋总让人有稳重端庄的感觉,搭扣带子多是单根,丁字形或双股的就是别致造型。里面搭配白色或者深紫、蓝色的袜子。

14. 运动服

1984 年"女排三连冠"带动了运动服的流行。人们几乎随时随地地穿着运动服,运动服甚至还成了学生的校服和工人的厂服。

三、服装产业

1. 纺织业

1983 年 12 月,政府对属县实行行业管理,市纺织工业局隶管企业增至 49 家。次年,化纤纱占棉纱总产量的 48%,涤棉化纤布占棉布总产量的 43%,化纤针织衫裤占针织衫裤总产量的 95%,化纤针织袜占针织袜总产量的 100%。

1985年,乡镇及以上纺织企业470家,职工9万余人,产值17.87亿元,占市工业总产值15.62%。1987年3月,宁波和丰纺织厂、印染厂、人丰布厂、恒丰布厂、奉化织布厂、工商银行宁波分行、省纺织工业学校联合组成宁波宁丰纺织印染(集团)公司。

1980—1989年主要纺织产品产量见表6-1。

表6-1　1980—1989年主要纺织产品产量

年份	棉纱/吨	棉布/万米	印染布/万米	化纤/吨	丝绸/万米	白厂丝/吨
1980	16251	9241	4531	6163	—	—
1981	17155	10097	4992	7344	—	—
1982	19058	11562	4977	6434	—	—
1983	39946	12817	4821	7542	754	112
1984	42816	14145	5212	9139	845	80
1985	47742	14017	5110	10692	879	93
1986	54709	15270	5282	15818	795	110
1987	66165	16788	5130	16264	652	96
1988	54963	19724	5050	15469	542	88
1989	70216	18289	11036	19100	989	92

1981年,鄞县丝绸印染厂(今宁波丝绸印染厂)第一期工程真丝炼染绸生产线投产,为全市首家丝绸印染专业厂,至1983年7月,二、三期工程竣工,年产能1400万米,其中合纤绸400万米、真丝绸200万米。

2. 服装业

1980年,奉化兴办丝绸服装厂、四季服装厂等76家(含村级),职工4879人,产值1976.63万元。

1983年,奉化培蒙西服厂承制北京人民大会堂工作人员西服,饮誉京华。当年,宁波有服装企业289家,职工2.24万人,产量111.9万件,产值5437万元。宁波服装三厂引进日本服装生产线,年产能力80万件。

1985年,鄞县甬港服装厂引进中高档西服生产线两条,年产量增至20万件,产值1239万元。

1985年,宁波成立市服装进出口公司,与上海及浙江省服装进出口公司、省丝绸公司、各县工业公司联营,扩大外销业务,外贸收购值1742.57万元。有乡镇及以上企业325家,其中市属9家、奉化106家、鄞县97家、镇海47家,职工6.37万人,产量355.1万件,产值32600万元。1985年底,西服积压,150家企业亏损114万元。1986年起,服装行业由主产西服、大衣、中山装,转产时装、衬衫、童装及羽绒服,前后引进国外锁眼机、套结机、打眼机、衬衫生产线等设备,产品质量、档次提高,外销转旺。1987年,产量3997万件,外贸收购值5936.53万元。1988年起,先后引进电脑绣花机、粘合机、扎驳机及整烫设备,旧设备逐渐淘汰,关、停、并、转企业百余家,主要产品西服趋向薄、轻、软、挺型,增产革皮质、裘皮服装。

20世纪80年代中期,服装厂开始产羽绒服装,羽绒服装以羽绒为填充料,具有暖、轻、软及御寒性能好等特点。主要产品及品种有各档规格的夹克衫、派克衫、背心、大衣、滑雪衣等,用含绒量40%~80%的各档灰鸭绒作为填充料。

80年代的服装产业呈现快速发展的态势,以鄞县为例,1980年7月,鄞县经济委员会与浙江省轻工业厅纺织公司联营创办鄞县纺织服装厂,有固定资产178.9万元,产品以呢绒服装为主,采用松散型加工方式,有加工点28个,形成劳动密集型服装生产联合体。1983年前后,席卷全国的"西装热"为服装业提供了良好的发展条件和前景,鄞县服装业坚持以市场为导向组织生产,服装经济出现蓬勃向上的势头(见表6-2)。

表 6-2　1980—1986 年鄞县服装企业发展情况

年份	总产值/万元	销售额/万元	利润/万元	职工数/人
1980	157.75	113.04	10.45	402
1980	670.63	570.23	92.48	646
1982	907.70	624.51	63.62	663
1983	1004.17	667.86	70.89	763
1984	1568.3	1133.01	114.09	780
1985	2428.9	1406.89	186.38	1332
1986	2125.38	1566.09	92.24	1383

资料来源:吕国荣主编:《宁波服装史话》,宁波出版社 1997 年版。

第二节　新潮、跟风、名牌
——1989—1999 年

一、时代特点与服装趋势

1. 1991 年 5 月 4 日,宁波直达香港临时客运包机航线开通;6 月 6 日,宁波证券公司开业

1991 年 10 月 9 日,新华社报道,1990 年国内生产总值超百亿元的有 35 个城市,宁波市名列第 18 位。10 月 25 日,宁波市海外交流协会成立。

1992 年 9 月 2 日,宁波航空口岸开放,宁波至香港空中航线开通。

1997 年 10 月,集服装博览会、服装展演、服装研讨、经贸洽谈等活动为一体的第一届宁波服装节正式举行。4 天时间里,到会展商 241 家,其中境外 108 家,吸引买家 5000 多名,3000 多位公众到会,贸易成交额达 32.3 亿元。其间,宁波市总投资达 1.55 亿美元的 5 个外资项目举行开工投产仪式,11 个外资项目举行签字仪式,总投资达 5.75 亿美元。对外贸易洽谈成交额达 2000 万美元。

此后几年,宁波国际服装节每年 10 月如期举行。十几年间,宁波国际服装节的核心——宁波国际服装博览会,凭借日益壮大的产业集群优势和服装文化底蕴,规模不断扩大。2003 年,宁波服装博览会被商务部和中国贸易促进会等单位评为全国 37 个 A 类展会之一,并进入全国 15 个优秀博览会行列。

2. 20 世纪 90 年代,尤其是中后期,时尚已大面积、多层次地体现在普通人身上

1998 年,某时尚杂志上有一句让人印象深刻的话,大意是:假如昨天在米兰或巴黎发布的一种时装款式今天出现在北京或上海一位女性的身上,你千万不用奇怪。20 世纪 90 年代,中国服装至少在高端人群中已经实现了与世界保持同步。奢侈、豪华、昂贵不再是用来批判西方生活方式的专用词,而成为人们理直气壮地追求的生活目标,对名牌的崇拜成为高尚品位的表现。

20 世纪 90 年代是个时尚风水轮流转的年代,"中性化"渐成潮流,休闲服开始流行,而牛仔裤也进入普及阶段,它不再是一小撮"前卫"人物的标志。

20 世纪 90 年代是服装变化较快的年代,一种潮流还没有完全盛行几乎就面临过时的尴尬。

在大城市,与国际接轨,出现了专卖店。这一时期高收入的女性倾向于到专卖店买衣服鞋子,而低收入的女性则更多地光顾各种服装摊,那里有更大量的款式与花色的服装供选择,价格也更加便宜。而统治了中国消费市场几十年,高不成低不就的国营百货商店的服装柜台,一时间门可罗雀。昂贵的专卖店和便宜的地摊货,成为 20 世纪 90 年代中国年轻女性们选购服装分化的两极,中间地带几乎不存在。

我们那个年代的年轻人喜欢跟风。一开始时兴穿踩脚的健美裤,一时间大街小巷满是穿紧身裤的人,不论什么腿型都被裹得紧紧的,线条清晰。冬天天冷,为了保暖,大家还都在里面套毛裤,箍紧的双腿就像圆规。那时还流行腰身比较长的外套和西服,盖住屁股,正好和紧身裤相配。下身紧,上身长,也不无美学道理。宽大的毛外套和毛线长裙搭配的毛线套装也盛行了一阵。那会儿,圆头的珠光皮鞋很受青睐,20世纪90年代后期就是松糕鞋的市场了。这种前后底都很厚的鞋子穿起来并不舒服,比较笨、不灵活,现在改良过的就不同了。那个时代的服装装饰很少,主要是胸针。眼镜也是玻璃的,又厚又重。新潮来袭,我总是迫不及待地去尝新,这一点,任何时代的女性可能都差不多。刚流行冬天穿短裙配毛线裤袜的时候,我就觉得很好看,赶紧添上一套。后来很少穿,主要是因为冷,我们那个时候还没有长靴子。换了个潮流,我会把以前的衣服都处理了,一般是送给那些时代步伐较慢的人。毕竟从喇叭裤到健身裤,变化太大,穿出去很不入流。

服装摊和专卖店是20世纪90年代末服装类的主要购物场所。专卖店的衣服虽然相对较贵,却更上档次,所以即使花了钱,大家还是会觉得很开心,这也是追逐时尚后的满足心理。有了专卖店,国营百货公司的生意就差了,因为只有引领潮流的地方才有市场。其实,以前人们赶时髦是看到别人穿着好看,去模仿,现在则不同了,这和审美水平的提高有关系。20世纪90年代的潮流是跟风,21世纪是个性。随着年龄的增长,我渐渐知道自己该怎样在适应时代潮流的同时,找到适合自己的服装,穿出自己的品位和气质。(讲述人,蔡艳玲,38岁,小学老师。引自《从"蓝蚂蚁"到"花蝴蝶"》,《东南商报》2008年10月20日)

风从海上来——宁波服饰时尚流变

二、民众服装

这一时期的民众服装特点有以下关键词。

1. 超短裙

20 世纪 80 年代后期,超短裙与宽松式西服上衣或外穿羊毛衫相配,穿着季节上也局限于春、夏季。90 年代中期,更多的是与紧身上衣和高筒靴相配。这种穿着时髦性感,穿着的时间也扩展到秋冬季。

2. 一步裙

20 世纪 90 年代初,中国电视剧市场刚开始兴起,在《情义无价》和《公关小姐》中,女主角的着装成了大众竞相模仿的对象。一步裙也随之风生水起,满大街都是穿着又宽又大的短袖上衣及窄小的一步裙的女人(见图 6-4)。

图 6-4 20 世纪 90 年代末宁波街头

3. 吊带裙

吊带裙于 20 世纪 90 年代中期传入中国,当时在消费者中并不流行,只是演艺明星们偶尔穿着,过了一两年后,才有少数时髦姑娘在海滨浴场穿吊带裙。

姑娘们在并非很热的日子穿吊带裙时,通常在外面加穿一件半透明的轻薄长衣。如果是夏季,身着吊带长裙的女郎的脚上,必穿一双松糕底或其他厚底的凉鞋。

吊带裙其实是内衣外穿,1998 年夏季,它抢足了时尚的风头。时髦女孩子把属于鸡尾酒和晚礼服的袒肩露背带到了阳光下的草坪上。

4. 牛仔装

牛仔装自 20 世纪 70 年代末传入中国后,逐渐从时髦青年扩大到各阶层各年龄段。进入 90 年代后,不仅牛仔布的服装品种逐年发展到短裙、短裤、背心、夹克、帽子、挎包、背包等,颜色也不再限于蓝色,而且还出现了水洗的薄面料。牛仔装作为时装,历经半个多世纪仍魅力不减,成为时装界的一大奇迹。

5. 西装

中国人初穿西装,还是不太懂西装规制,如不撕掉新衣袖上的商标以显示名牌,将西装与牛仔装、旅游鞋搭配穿着等。

6. 染发

烫发、染发热潮达到高峰,不论是在专业美发店里,还是在家里 DIY,染发人数急剧上升,而挑染技术的日益成熟又给人们带来前所未有的美发新乐趣。

7. 松糕鞋

20 世纪 90 年代后期,所有的女人都不约而同地增高了,这种高度不是隐性的,恰恰是大张旗鼓的——她们的鞋跟仿佛一夜之间膨胀了,既有高度又很舒适的松糕鞋成了宁波最"行"的时尚元素。

三、服装产业

1. 纺织业

1990 年,宁波有乡镇及以上纺织企业 674 家,职工总数 132427 人。主要涉及棉纺、棉织、印染、化纤、毛麻纺织、针织、丝绸七个行业,固定资产原值 149379 万元,产值 364794 万元,其中出口产品产值 87775 万元,分别占全市乡镇以上工业总产值、出口产值的 21.57% 和 33.44%,销售税金 16041 万元,利润 13518 万元(见表 6-3、表 6-4、表 6-5)。

主要产品有纯棉纱、化纤纱、混纺纱、色织布、白织布、化学纤维及制品、各类印染布、精纺粗纺呢绒、针织衫裤及面料、羊毛衫、棉制品、麻制品、丝及丝织品、各类服装等,形成以棉纺、棉织、印染、针织为主线,毛麻纺、丝绸、化纤、服装兼备的综合性纺织工业。累计获省优质产品 112 项、部优质产品 38 项、国家优质产品银质奖 4 项(见表 6-3 至表 6-5)。

表 6-3 1990 年宁波主要棉纺企业设备及产量

企业名称	棉纺锭/万枚	气流纺/头	产品产量/吨		
			总产量	精梳纱	纯棉纱
宁波和丰纺织厂	8.4	800	6830.40	1253	3486
宁波万信纱厂	6.52	3000	9906.75	2012	3890
镇海棉纺织厂	6.08	400	8064	1591	5547
余姚第一棉纺织厂	6.23	1000	9322.01	1997	3284
慈溪第一棉纺织厂	2.23	3800	4542.89	580	4339
慈溪第二棉纺织厂	3.5	2304	6987.89	592	6319
宁海棉纺织厂	6.52		8357.89		4909
余姚棉纺织厂	0.48		714.86		598

企业名称	棉纺锭/万枚	气流纺/头	产品产量/吨		
			总产量	精梳纱	纯棉纱
余姚荣属纺织厂	0.21		525		338
奉化第一棉纺织厂	0.5		768.48		
象山和丰分厂	1.04		761.62		
宁波线厂庄市分厂	1.37		766.12		
象山纺织厂	0.48		395		

表 6-4 1990 年宁波主要针织企业产品、产量

厂名	主要产品	产量	出口量	外贸收购值/万元
浙东针织厂	针织衫裤	557.18 万件	145.7 万件	1248.43
象山针织厂	T恤衫印花裙袍	743.92 万件	718.70 万件	3206.50
宁海针织厂	运动服	123.34 万件	117.32 万件	1187.37
	针织衫裤	953.52 万件	837.12 万件	4295.05
宁波针织服装厂	坯布	494.49 吨	424.69 吨	
宁波第三针织厂	棉毛裤裤	116.86 万件	74.88 万件	529.84
宁波针织	针织衫裤	350.86 万件	323.95 万件	3922.22
宁波第二针织厂	针织服装	141.47 万件	131.16 万件	1527.89
	涤纶纬编面料	513.25 吨		
宁波纬编针织厂	针织背心	66 万件	52 万件	506.24
宁波羊毛衫厂	羊毛衫	3.02 万件	1.42 万件	38.75
甬美毛针织有限公司	羊毛衫	18 万件	6.07 万件	189.00
慈溪羊毛衫厂	羊毛衫腈纶衫	24 万件	24 万件	403.00
余姚第一羊毛衫厂	羊毛衫	22.96 万件	5.85 万件	250.50
宁波围巾针织厂	羊毛衫	16.56 万件		
	围巾	17.41 万条		

表 6-5 1990 年宁波精毛纺织企业产品、产品

厂名	地址	开办年份	精纺锭/枚	织机/台	产品及产量	
					精纺毛纱/吨	精纺呢绒/万米
余姚第四毛纺厂	丈亭镇	1979	2400		250	
镇海贵驷毛纺厂	贵驷镇	1980	3200		360	
余姚精纺毛织厂	老方桥镇	1985	2400	42		36.52
宁波毛纺织联营厂	周宿渡	1987	6336	96	38	45.79
鄞县甬晋针织厂	茅山乡	1987	2800	6	153	6
象山毛纺织厂	丹城镇	1987	4800	48	140.69	10.87
宁波毛条厂	清水浦	1987	4800	96	19	14
上海协兴毛纺织厂宁波分厂	邱隘镇	1987	2400	6	107	
奉化毛纺织厂	大桥镇	1987	6400	96	145.81	1.9
宁波黑炭衬厂	姜山镇	1987	3200		360	
上海第五毛纺织厂联营厂						
上海毛条研究所镇海精纺厂	俞范镇	1987	2400		220	

2.服装业

1990 年 9 月,中国服装总公司将奉化定为全国 49 个重点服装城之一,宁波服装工业分布情况见表 6-6。

表 6-6 1990 年宁波服装工业分布

所属	企业家数/家	职工人数/人	固定资产原值/万元	产值/万元	销售税金/万元	利润/万元
合计	264	34130	15442	73523	5469	3065
市属	10	2020	1619	4996	636	310

所属	企业家数/家	职工人数/人	固定资产原值/万元	产值/万元	销售税金/万元	利润/万元
海曙区	4	319	129	555	27	—16
江东区	3	250	70	1162	42	57
江北区	6	679	391	3110	108	99
镇海区	22	2130	1483	6092	227	206
北仑区	23	1706	842	3190	103	24
余姚市	14	1321	656	2438	72	64
慈溪市	23	1525	641	4555	159	177
奉化市	80	13473	4181	20730	2013	705
象山县	2	32	7	26	1	—4
宁海县	4	513	171	2492	115	158
鄞县	73	10162	5252	24177	1966	1285

20世纪90年代，一些服装制作厂家先后与国外服装公司联合成立合资企业，进口世界先进服装加工设备，在很短的时间里，中国的服装业就打开了一个可喜的局面。90年代中期以后，不同规模的私营服装企业如雨后春笋般出现，又给中国服装业注入了新的活力。

1991年3月9日，宁波市第一家境外生产型合资企业安提瓜（远东）服装有限公司在中美洲安提瓜国开业。

20世纪90年代中期，宁波女装开始二次创业。有设计师兼经营管理者领衔的自有品牌；有做男装起步，在规模化后因多元化拓展需要再涉足的；也有在经历过一段贴牌加工的经历后，开始推出独立女装品牌的。

此后，仙甸、太平鸟、德玛纳、喜丽美狮、且可韵等宁波女装中较为成熟的品牌开始出现。不过它们的发展都有各自的经历：仙甸和且可韵，从前店后厂的家庭作坊开始，逐步实现滚雪球式的积累与扩大；喜丽美狮、太平鸟等女装则诞生在强大的制造业产业基础之上；康楠女装则靠着外贸贴牌加工,是在内销男装已经立足的基础上新拓展出来的品牌。

20 世纪 90 年代,宁波服装在抢占国际市场进程中取得了可喜成绩。90 年代以来,全国纺织服装出口创汇始终保持在我国出口总额的 1/4 左右。仅以 1996 年为例,宁波服装出口世界 74 个国家和地区,出口额达 5.7 亿美元,占全市外贸出口总额 26.72 亿美元的 21%,加上纺织品出口,比例远远高于全国平均水平。

第三节　自由、自在、自我
——1999—2009 年

一、时代背景与服装趋势

随着国际纺织品贸易壁垒的不断加剧、全球服装产业一体化加快,以及后配额时代的到来,全国性服装业展会面临重新洗牌,广东、江苏等地及兄弟城市温州,在连续举办了几届服装节后都偃旗息鼓。

在这个历史的拐点,宁波决定将已连续沿用了八年的"宁波国际服装博览会"更名为"中国国际服装服饰交易会"。"宁波服装节必须依靠产业,服务产业,提升产业,而国际化、市场化、专业化是服装节展会的必由之路。"宁波市政府新闻发言人、大活动办主任俞丹桦说,基于对宁波国际服装节未来的战略定位,宁波将"服博会"改成了"服交会"。2005 年,第九届国际服装节有 91 个国家和地区的 3500 位客商来到宁波。

在 21 世纪,随着思想开放程度的加深,文化更加多元,中国的社会宽容度逐渐增强,只要不违法,人们愿意怎样着装都可以。个性越来越被重视,大家觉得"穿衣戴帽,各有所好"是正常的,别人不应该干涉他人着装自由,这表达出一种新的人生态度、一种良好的社会风气、一种看似无序实则井然有序的社会秩序正在确立并在提升的过程中。而这些恰恰说明社会在快速进步,文明正高度发展。

在 21 世纪,世界服装艺术中的中国元素也开始得到越来越广泛的体现,唐装走俏全球、旗袍热销世界,中国服装作为一种文化潮流和商业主流,在全世界受到瞩目和尊重。2001 年上海 APEC 峰会上,20 位各国领导人集体亮相,他们穿的都是大红色或宝蓝色的中式对襟唐装,这一情景通过电视瞬间传遍全球,唐装迅速流行。这种东方韵味十足的唐装,使穿惯了现代时装的人们产生了亲切感和新鲜感。

王家卫于新世纪元年拍摄的《花样年华》被当作这个年代服装的关键词,因为女主角张曼玉在片中展示了数十款旗袍,它们不仅成为导演表现 20 世纪 30 年代十里洋场的符号,还将旗袍这种典型的中国化服装集中地呈现在全世界面前,旗袍热卷土重来。同时经典美女形象已成为过去,服装的潮流朝着自由、自在、自我演进。

二、民众服装

1. 理念

21 世纪,中国人对服装诉求的最高境界就是穿出个性——最好是独一无二。服装的主要作用已经不再是御寒,而是一种个性魅力的展现。一部分有条件的高收入女性开始向世界著名品牌商定做衣服,而更多中国女性则选择 DIY 的方式,做出"混搭"加"个性"的衣服来穿。她们在追逐时尚、追求个性的同时,还不忘专门去买一些时尚流行的服饰杂志来研究穿衣的学问。服装的大胆尺度也开始震惊中国人的眼球,内衣外穿、露脐装、哈韩服等站到了流行前沿。21 世纪是张扬个性的时代,是自我意识觉醒的时代,更是"我的地盘我做主"的自由时代。

《宁波日报》在 2006 年 10 月 17 曾做了一个主题为"我心中的服装时尚"的调查,有几个数据有一定的典型意义——

重视服装个性的被访者占了 64.8%。只有少数被访者有从众和追求流行趋势的心态。

74％的被访者购衣时比较注重品牌效应,22％的人特别注重品牌。国产品牌和国际品牌不分伯仲。

"舒适、自然、有品位"是被访者首选的服装时尚的标准,占34.9％。

"媒体"是获得时尚资讯的主要途径,有63.8％被访者将"媒体"作为自己获得时尚资讯的最主要途径。

调查还发现,有58.5％的市民认为上海是国内服装最时尚的城市,第二是深圳,第三是广州,第四是北京,第五是大连。这说明宁波人还可以更时尚。

21世纪的宁波服饰文化关键词,可以用这样一串宁波老话概括——绝不是"黄鼠狼独张皮","长袍短套"是时尚;"时时道道""脱套换套"很正常。

185

"我们追求的是个性。"21世纪,没有什么能独占鳌头。记得高中快毕业那会儿,很流行假小子装扮,女孩子非要把自己弄成个男孩子的样子,才觉得比较帅。每天早上洗澡后,穿上一身清爽的中性衣服,骑着自行车去上课,觉得特别拉风。上大学后,受安妮宝贝小说的影响,女生宿舍放眼望去清一色的棉布衣服。大概三四年前,波希米亚风靡了一阵,之后就开始混搭了。去年《色戒》后又开始流行修身风衣及贝雷帽,现在又开始有点返古的苗头。牛仔裤的变化也很大,曾经流行过乞丐牛仔,还有泼上各色颜料、像油漆工穿的那种,现在流行DIY各种带钻、带花纹的牛仔裤,但是我一直觉得牛仔裤的样式是越简单越好。民族风和韩潮也席卷了大半个中国。不过,韩版衣服不合我胃口,比较适合乖乖女,是那些小孩子的追宠。

现在衣服的颜色都很奇特,虽然也有正色,但是很多是调出来的叫不上名的混合色。黑白灰当然是永远的流行色,这两年还特流行金色银色。

我不喜欢和别人穿一样的衣服,所以经常去外贸小店淘些特别的。每每淘到中意的衣服就等着变天。一般秋装上了,可是天

第六章 开放・自信——当代宁波服饰文化(下)

气还没有变,这时就巴不得天气快快变冷,赶快穿着秀一下。(讲述人:苗婷,26 岁,金融投资咨询公司行政助理。引自《从"蓝蚂蚁"到"花蝴蝶"》,《东南商报》2008 年 10 月 20 日)

2. 现象:中国元素

2002 年春节时,在上海 APEC 会议上,20 位各国领导人身穿大红色或宝蓝色中式唐装——中式对襟疙瘩祥儿缎面袄,集体亮相,引起全球瞩目。作为中国符号的唐装迅速在世界流行开来,各式凸显东方女性魅力的旗袍也炙手可热。与此同时,寻常百姓中也掀起一股"唐装热":时尚女性穿上经过改良的唐装礼服参加各种活动;过年时老人小孩置办一身唐装,尽显雍容喜庆;拍摄婚纱照的新郎新娘更是必穿唐装……中国元素作为服装艺术中的一种文化潮流,在全世界受到越来越广泛的认同和尊重。

3. 新名词

(1)"韩流"

袒露式衣装,来自广义的韩国流行文化。除了韩国音乐、电视剧、电影的地区性影响外,"韩流"还包括韩国的服饰、饮食等,于 20 世纪 90 年代进入中国。韩版服装的特点为宽松、休闲、时尚。

(2)混搭

混搭是指将不同风格、不同材质、不同身价的东西按照个人口味拼凑在一起,从而混合搭配出完全个性化的风格,其含义就是"不要规规矩矩穿衣"。

(3)撞衫

撞衫指在某一场合,有人穿了一件与自己一模一样的衣服。很多现代女性都希望自己的穿着是独一无二的,能够显示出与众不同,因而"撞衫"是最令人懊恼的。

（4）绝版

为了防止"撞衫"的尴尬,如果遇上一件号称"绝版"的名牌服饰,经济条件优越的爱美人士往往抵挡不住这样的诱惑,所以很多精明的商家也把绝版当作新的卖点,甚至在一些服装摊上你也能看到这两个字。

（5）无季节

即使是在天寒地冻的严冬,你也能看到穿着单薄的美女袅袅婷婷掠过你的视线,"要想俏,冻得跳"的年代已经过去了,私人汽车的普及、办公条件的优越足以使更多的女性把夏天的轻衫薄裙一直穿到雪花纷飞。

（6）露

21世纪,如果你的衣服将身体包裹得严丝合缝,那么不管它值多少钱、不管它是什么质地,可能都已经落伍了。诱人的小蛮腰、曲线迷人的香肩、性感魅惑再加上一点装饰物的肚脐……总之,你总得露出点什么才是这个年代的新人类。

三、服装产业

21世纪的宁波服装产业,加快了多方面的探索,有了更加清晰的发展思路。

1.缔造国家名品

据统计,2008年,宁波市规模以上服装企业工业销售产值约302亿元,同比增长7.92％,市场销售较为平稳。到2008年底,宁波市纺织服装业已荣获"中国名牌"20个,"中国驰名商标"25个,另有10个省名牌和14个市名牌产品。宁波市纺织服装方面的注册商标总数已达3000余件。2007年,中国品牌研究院首次公布了145件中国行业标志性品牌名单,宁波市13件参评品牌中有5件上榜,数量名列浙江省第一,其中服装类有两件,分别是"雅戈尔"衬衫和"罗蒙"西服,宁波市行业标志性品牌数居浙江之首(见表6-7、表6-8)。

表 6-7　2004—2007 年宁波市规模以上服装企业有关经济指标占全省比重(%)

年份	产量	工业总产值	销售产值	利税总额	利润总额
2004	40.86	33.1	27.1	32.3	33.2
2005	39.4	18.2	18.0	35.0	41.4
2006	36.3	17.3	15.0	21.9	23.3
2007	37.2	24.9	21.3	24.2	26.2

表 6-8　2004—2007 年宁波市规模以上服装企业有关经济指标占全国比重(%)

年份	产量	工业总产值	销售产值	利税总额	利润总额
2004	8.1	5.7	6.0	9.5	10.4
2005	7.4	3.5	3.5	6.1	6.9
2006	6.8	3.1	2.7	4.4	4.9
2007	7.5	4.3	4.3	5.0	6.3

2. 登台国际时尚

2009 年 9 月底,担任上海国际时尚联合会会长的杉杉集团掌门人郑永刚,带着国内几个服装品牌走进了国际时尚"奥斯卡"——米兰时装周,其中就有"杉杉"和"红豆"。

"罗蒙已早早地将设计工作室搬到了国外;爱伊美将商标注册到了 21个国家,雅戈尔美国公司则在 2009 年 3 月,将'YOUNGOR'带入了美国。"宁波服装协会秘书长张晓峰指出,现在宁波服装在国际 T 型台上走秀早已不稀奇,宁波服装与国际的交流与合作正日益紧密。

3. 尝试境外开厂

2006 年 9 月,国家发改委批准了宁波申洲针织有限公司在柬埔寨的第二期投资项目,这也是国内纺织企业在境外最大的一笔投资,投资总额达到 3000 万美元。

境外设厂的宁波服装企业远不止申洲一家,宁波京甬毛纺厂在孟加拉国有生产基地,宁波保税区宏美纺织服装有限公司则在加拿大开办了服装厂……

4. 培植女装品牌

第十一届宁波国际服装节,参展的女装品牌比前一年增加了 20％,占参展品牌总数的 10％,其中宁波女装品牌已经不下 50 个。但女装创牌、设计能力还有待提高。

2006 年 10 月 22 日,首届宁波女装品牌优势评选举行颁奖典礼,11个女装品牌分获各项大奖(见图 6-5)。分获各项大奖的品牌名单是:最具商业价值大奖太平鸟女装,产品设计大奖罗蒙喜丽美狮,市场营销大奖博洋德·玛纳,公众传播大奖杉杉女装;仙甸服饰公司的仙甸女装、博洋集团 33LAYER 高级女装、宁波旦可韵服饰有限公司旦可韵毛衫、宁波康楠

图 6-5　首届宁波女装品牌优势评选获奖品牌展示

服饰有限公司康楠女装分获最佳品牌风格奖、最佳工艺服饰奖、最佳形象展示奖和最具潜力奖。此外,宁波奥霖婕服饰有限公司奥霖婕女装、宁波华艺服饰有限公司菲戈女装以及米莉鸟服饰有限公司的沙路草女装同获优秀女装品牌奖。

宁波女装共同的特点是对女装设计至上、准确定位、快速反应、商业化模式应用的重视和理解。

5. 关注少儿服饰

从 2001 年开始,宁波市举办一年一次的少儿服饰文化节。2009年 10 月 13 日晚,第九届少儿服饰文化节 DIY 服饰展演比赛在宁波市青少年宫举行,《纸板对对碰》、《天一印象》、《绿意明天》等 14 个系列的充满创意的 DIY 服饰作品,或体现了海阔凭鱼跃、天高任鸟飞的气势与自由,或展现了古今连接的港口城市的特色。活动引导青少年儿童利用日常生活中的各类环保和废旧材料等展开奇思妙想,设计制作和演绎服饰美,展示个性梦想,激发创新精神,有效培养和提高青少年的综合素质(见图 6-6、图 6-7)。

图 6-6 2005 年 10 月 24 日宁波市第五届少儿服饰文化节

图 6-7　宁波第一幼儿园"我是中国人"活动日

6. 构建成才舞台

　　2004 年 10 月 18 日至 22 日,首届中国青年服装时尚周在宁波拉开序幕。活动之一首届"先锋杯"中国青年服装设计大赛成功举办并落户宁波(见图 6-8)。

图 6-8　2008 年"先锋杯"中国青年服装设计大赛

中国青年服装时尚周注重创新、时尚元素以及青少年的参与性,已成为全国各地区、各民族青年展示的舞台。

7. 规划"三服一城"

2008年,第十二届宁波国际服装节期间,提出了"三服一城"的发展理念。

所谓"三服一城",就是指提升宁波服装产业、传播宁波服装文化、创新宁波服装博览会,从而积极打造宁波成为中国服装名城。理想中的路径选择是将产业资源与城市品牌通过长时间的优化整合,并不断积累,使其迸发出巨大的合力。它通过强势的宁波服装产业与文化的传播,成为城市营销的一种智慧手段;反过来,宁波城市品牌的优势资源,也将为宁波服装产业创造健康的发展氛围与政策保障,从而提升服装产业的品牌形象,深化服装品牌的文化内涵。其目标是构建"产业+文化+城市"的多元维度,尝试为服装名城打造全新的模式。

8. 应对金融危机

欧盟、美国和日本是宁波市纺织品和服装出口的主要市场。全球金融危机爆发后,欧美日等传统市场进口需求下降,特别是对高档服装的采购量明显萎缩。宁波市服装企业瞅准国际市场需求变化,迅速调整产品和市场结构,积极创新营销模式,全力捕捉金融危机中的新商机。

首先,增加中档产品出口比例,以填补部分高端市场萎缩的空白。学会"反弹琵琶",巨鹰、甬南等针织龙头企业纷纷减少低档针织品出口业务,转向生产女装、休闲装、运动装等具有竞争优势的高档产品,以质取胜。

其次,"内外销并举"是宁波服装应对金融危机的又一重要策略。

最后,加强营销创新。2008年11月,斐戈集团与意大利SDS集团合作,采用服装买断形式,使后者成为其自创品牌"FIOCCO"高级女装在欧盟27国的总代理。此外,恒大、巨鹰、富宏等针织龙头企业分别在美国、南非、法国等地设立销售公司,尝试在全球铺设销售网络。

9. 展望与期待

在《宁波日报》2006 年 10 月 17 日进行的"我心中的服装时尚"调查中,对"本地市场哪一年龄档次的服饰最欠缺"这一问题,有 53.7％的被访者选择了"老年";19.3％的被访者认为是"中年";排在第三位的是"青年",占 12.6％;"儿童"和"婴儿"并列第四,都为 7.1％。

同时,有数据表明,老龄化社会已经到来,宁波市是人口老龄化程度较高的城市,从 1987 年就进入老龄化社会,近年来,老年人口绝对数以年均不低于 3％的速度递增,2008 年的增幅更是达到了 6.19％。

截至 2008 年底,宁波市 60 岁以上老年人达 93 万人,占总人口的 16.26％。其中,农村老年人口为 60.61 万人,占全市老年人口的 65.17％;80 周岁以上人口为 13.78 万人,占老年总人口的 14.82％。可见,宁波市老年人口呈现基数大、增长快的特点,在人口老龄化的同时伴随高龄化的发展趋势。[①]

看起来,"老年服饰"的开发与投入是服装企业一段时间的重点和难点。希望当老龄化社会快速发展的时候,各大服装企业已经做好了准备。另外,老话重提,宁波的服装如何在特色、时尚两个方面继续下工夫,也是社会所期盼的。

我们期待,在新的历史时期,宁波服装产业有新的跨越。

第四节　个性、自信、时尚
——2009—2019 年

一、时代背景与服装趋势

2009—2019 年这 10 年,国内外经济形势大背景错综复杂。2008 年

───────────────

① 引自《东南商报》,2009 年 10 月 26 日。

全球金融危机之后,经济面临下行压力;同时,人口代际变化,80后、90后成为消费主力,消费能力增强;另外,改革开放使城市进一步向城市化、国际化方向发展。

在这种宏观背景的裹挟下,宁波纺织服装业业经历了曲折发展。

2008年,受金融危机影响,宁波纺织服装业面临严峻考验。"规模以上纺织服装企业的亏损面达到四分之一左右,一些企业减产、停产、转产或关闭。"[①]2009年,宁波纺织服装产业率先从全球金融危机的阴影中走出来,效益逆市上涨,亏损面进一步缩小,利润率大幅提高。产业结构调整持续推进,服装业作为宁波传统特色优势产业,进入一个产业演变、产业提升和产业创新的重要发展时期。

在深度转型进程中,时尚创意成为宁波纺织服装产业一个关键的突破口。2015年浙江省"两会"上,提出了"聚焦信息、环保、健康、旅游、时尚、金融、高端装备制造等七大产业和历史经典产业打造特色小镇",把时尚产业列入七大产业之一。2015年6月,浙江省发布《浙江省时尚产业发展规划纲要》。规划主要依据浙江省现有产业基础及未来发展趋势,选择一批具有较大带动性、较快成长性的时尚产业,作为重点发展领域,时尚服装服饰业成为浙江省时尚产业发展规划之首。2015年,宁波市政府的《宁波市时尚产业名城建设规划(2015—2020年)》亦将服装服饰业作为时尚产业重点发展领域。以时尚为关联点,依托现有产业基础,顺应全球时尚产业发展历史潮流,以服装服饰业、家纺家居为核心领域,以智能穿戴、智能家居、交通生活为新兴领域,加快产业时尚化、时尚产业化、时尚产业国际化发展,逐步形成产业特色明显、高端要素集聚、国际影响较大的时尚产业结构。构建"时尚服装服饰"与"时尚家纺家居"为核心的"2+1"时尚产业结构。

---

① 王若明,等.2009/2010宁波纺织服装产业发展报告[M].北京:中国纺织出版社,2010:5.

时尚创意设计基地建设、国际设计师和时尚产品的引进、宁波国际服装节、宁波时装周、时尚品牌流行趋势发布等多项活动开展,宁波纺织服装产业已经迈出了向时尚产业转型的步伐。

截至 2019 年,已经连续举办 22 届的宁波服装节,改为"宁波时尚节"。

2009—2019 年的 10 年,是宁波纺织服装产业向时尚创意、智能制造、绿色环保进发的 10 年。

我们可以从 2009 年第 13 届至 2019 年 23 届这 10 年的宁波服装节的主题中,探寻出时代主题及发展脉络(见表 6-9)。

表 6-9　第 13—23 届宁波国际服装节主题

时间	届别	主题	备注
2009 年 10 月 21—25 日	13	创新、提升、融合、发展	
2010 年 10 月 20—24 日	14	拓市场 增实效 求合作 谋发展	
2011 年 10 月 19—23 日	15	创意宁波 宽裳东方	
2012 年 10 月 25—28 日	16	时尚之都 全球瞩目	首次提出"时尚之都"概念
2013 年 10 月 24—27 日	17	依托产业服务产业提升产业	
2014 年 10 月 23—26 日	18	创意宁波 霓裳东方	
2015 年 10 月 22—25 日	19	时尚宁波、霓裳东方	
2016 年 10 月 22—25 日	20	宁波装·妆天下	
2017 年 10 月 19—22 日	21	智能·融合·创新	
2018 年 10 月 18—21 日	22	智造新时代,创新迎未来主	连续两届提出"智造"
2019 年 10 月 24—27 日	23	时尚多彩·美好未来	首次冠以"时尚节"

2009年"服博会"，以弘扬时尚文化底蕴，汇聚时尚创新资源塑造时尚企业品牌，倡导时尚人文理念推动时尚产业发展，已处于中国服装品牌"巨擘"地位的"宁波装"一改传统正装理念，以时尚化、休闲化、市场化、国际化的全新形象亮相，在本届服博会上刮起了"时尚风"。

2012年第十六届服博会，重点举办的专题活动也都集中在"创意、时尚、市场"三个关键词上。2014年第十八届宁波国际服装节，首次亮相服装节的"2014宁波国际时装周"，参考了国内外时尚类展会的做法，共组织19场专业时尚秀，走秀场次、规模均创历届之最。提升品质，拓展渠道，增强企业盈利能力，加速服装产业向时尚产业转型，成为传统服装企业转型升级的根本出路，并已形成共识。2015年第十九届服装节以"时尚宁波、霓裳东方"为主题，紧扣"智能制造"和"互联网＋"时代脉搏，聚合产业链上下游力量，汇聚名企、名品、名家，凝聚世界服装产业的资源、资本和资讯，推进服装产业转型升级。2019年正式将"宁波服装节"提升为"宁波时尚节暨服装节"（见图6-9），展会以"时尚多彩·美好未来"为主题，以弘扬时尚文化底蕴，汇聚时尚创新资源，塑造时尚企业品牌，倡导绿色、健康、文化、创新、包容的时尚理念，推动时尚产业高质量发展为宗旨，致力于与众多优质的时尚品牌及企业一起，推动中国服装行业步入"时尚升级"的新时代。

图6-9　2019年宁波时尚节徽标

10 年里,在"中国制造 2025""互联网＋"战略引领下,纺织服装产业刮起智能风潮,加大科技研发力度、探索技术创新成为纺织服装企业的共同课题;生态文明新高度,建设美丽中国和实现永续发展,对纺织服装工业提出了生产和消费方式绿色发展的要求,节能减排、生态友好是行业转变发展方式的主攻方向之一。

这一时期,国内掀起了中国传统文化热,"文化自信"成为一个高频词。既彰显时代特色又体现中华文化韵味的"新中装",是设计界和服装企业的追求。

2014 年 11 月 10 日至 11 日,亚太经合组织(APEC)第二十二次领导人非正式会议在北京举行。

此次会议上,领导人的服装设计是中国纺织产业力量的一次集体展现。领导人的着装不仅代表着个人的形象品位,同时也传递着一国的文化风貌。21 个经济体的领导人正式亮相北京会议期间,参会领导人及第一夫人的"新中装"成为焦点。本次 APEC 服装设计的总体思路是不仅要体现中国元素,彰显东道国的文化内涵,展现大国风范,还要尊重和融入其他国家及民族的元素,让各国领导人"各美其美,美美与共",同时在对中国元素的使用上,用现代化和国际化的手法来表现。"新中装"的推出,是将中国传统文化中与时代文化相适应的元素提炼出来,与当今的服饰文化、审美需求和流行时尚相融合,使其既是传统的又是现代的,既是中国的又是国际的,既能在重要场合穿着,也能在日常生活中穿着。向世界传递中国元素,表达中国时尚,一些设计师、企业在对传统的继承和创新上不断努力(见图 6-10)。

放眼国际,在全球化的影响下,服饰呈现出多元文化态势。当代服饰作为反映流行文化的重要载体,以流行文化符号展现了各种时尚与潮流,让人们更加深刻地理解服饰流行文化。当代服饰流行文化主要有堆砌的波普风格、古典的中国风与休闲的牛仔风格,从一定程度上反映了人们对个性、自由、时尚的追求。人们以服饰的形式反映出贴近生活的流行文化,展现出个人的时尚品位与社会地位。服饰逐渐演变成一种符号形式,

图 6-10　APEC 会议男性领导人服装（款式为"立领、对开襟、连肩袖，
提花万字纹宋锦面料、饰海水江崖纹"上衣）

成为个人个性的外在表现，也是流行文化的具体表现。

二、民众服装

1. 理念

　　社会进入信息时代，人们试图摆脱权威和传统去追求个性，"大众的
着装行为开始少了许多一致性、模仿性，多了些个性和新异"①。求新、求
异、求美的自我要求成了着装行为的最高要求、着装的个性追求，使人们
的审美呈现出多样化。

---

　　①　曹莉.试谈当代服饰文化的几个特征[J].内蒙古艺术,2004(2):34—35.

同时,信息时代的人们少了些理性指导而多了感性认识,人们相信自我、追求自我表现、着装果敢大胆、喜欢选择个性装、喜欢自己动手组合,搭配服饰,街头成了时尚的试验场,年轻人随意混搭各种服饰,对于时尚,他们自有定见。在这种情形下,人们渐渐远离了对权威的服从心理,时尚预测、权威机构也渐渐失去了以往的影响力。相反,街头影响大师、启发大师的情形更常见了。人们着装自主意识的苏醒,使自身成为服饰的主宰者。每个人都可以酝酿、发动自己的时尚潮流。追求个性的大众成为服饰文化潮流的主宰,成为服饰文化的主宰者和真正传播者,大众的需求成为设计师创作的前提。当代服饰文化是一种充满感性和活力的大众文化。高科技和社会的快节奏为它提供着多元化、混杂、矛盾的存在模式,当代服饰成为人们表达观念和愿望的最直接媒介。

随着国家文化软实力的提升、人民生活水平和文化素质的提高,"文化自信"成了一个高频词。近几年,由90后、00后一代推起的"国潮"概念,展示了新一代中国青年人身上的那股文化自信。汉服流行、国潮成风,早已不只是物质方面的象征,更是每一个中国人是对国家文化越来越强烈的归属和认同。

当代服饰文化成为一种动态互动的文化流,能深刻地反映出当代人的思想观念和生活方式。以个性为突出特点的时装业在迅速发展,同时也推动服装产业向时尚、绿色、科技、文化的方向发展。

2. 现象

(1)汉服

2009—2019 年是汉服复兴运动走向高潮的 10 年。

汉服运动是由民间发起的爱国复兴运动,以弘扬传统服饰之美、彰显文化自信为重要内容,吸引着广大青年群体,主体参与人群以 70 后、80 后和 90 后居多(80 后、90 后占主体),中心力量是年轻白领和在校大学生、初高中学生。近几年 00 后也逐步参与进来,成为汉服运动的新力量。尤其是当今的大学生群体,容易通过汉服之美来激发起其对中国历史文化的浓厚兴趣,最终成为身体力行的推广者。如今各大高校都有自发组织的汉服社团,越来越多的学生群体对中华民族传统文化产生了浓厚兴趣。通过社团,大学生以最快的速度认识和了解汉服,通过网络媒体之便利,迅速成为汉服运动的主力军。

人们正是在追求汉服之美、参与汉服活动、推广汉服文化中,彰显了源远流长的民族服饰之美、文化之美。

然而传统汉服的大袖翩翩、宽衣系带、穿法复杂、形制多样等特征,并不适合现代简单快捷的生活方式,汉服复兴必然走向仪式化和节日化。纵观各地区的汉服活动,也都是基于传统节日而展开策划与实施的。汉服活动几乎贯穿所有重大的传统节日,如春节、元宵节、花朝节、清明节、端午节、中秋节、重阳节及汉服文化周等,这些传统节日及纪念日都成了着汉服出行的合适时机(见图6-11)。

图6-11 宁波余姚街头的汉服表演

汉服虽然很小众，但引发了许多讨论，尤其是对于文化自信的讨论，同时影响了部分年轻人。这种影响，在宁波的街头巷尾也有发生。

宁波本土有"宁波十乂(yì)汉文化有限公司"，以汉服为基础载体，产业涵盖了文创产品，公司集汉文化传承、推广、交流、研发、生产、零售为一体，旨在打造汉文化一站式服务平台。

(2)破洞牛仔裤回潮

破洞牛仔裤在中国的流行，始于20世纪90年代。割破牛仔服的风尚是借此表达对主流的抵制，是由美国人发明的。这一亚文化的产物，随着时间推移，在21世纪的第一个10年伊始，伴随着复兴风潮，又登上了时装秀场。尤其是在2016年、2017年，"破洞"时尚返潮大热。如今"破洞"风尚被越来越多的人所接受。破洞牛仔裤之所以经久不衰，就是因为其个性的表现力，以及它的多样性。破洞牛仔在不断的发展中变化出了不同的类型：像手磨猫须、补丁、磨毛、铆钉，甚至简单的开洞或者割一道口子，又或者在裤脚口袋处设计点小心思，再加上裤型上的变化，更是无穷无尽。

3. 新名词

(1)快时尚

快时尚又称快速时尚。快时尚源自20世纪的欧洲。2006年，国际时尚趋势研究中心发布报告宣称，"快速、时尚"将成为未来10年服装行业的发展趋势。

快时尚品牌大多定位于年轻的时尚群体，这些年轻人个性张扬，追求时尚的服饰与生活方式，有独到的审美品位。为了满足这些年轻群体的需求，快时尚品牌必须及时捕捉时尚资讯，在最恰当的时候推出流行的服饰。快时尚是全球化、民主化、年轻化和网络化这四大社会潮流共同影响下的产物。快时尚不仅要求产品具有紧跟流行的特征，更需要快速地进行产品开发和产品配送，而且对于市场和消费者的反馈也要快速应对。从产品开发的角度来讲，快时尚品牌从来就不是时尚的创造者，而是时尚的快速反应者。除了快速、时尚，快时尚同时还有价低、款多、量少的特点。

国内快时尚的发展，经历了以下几个阶段：

第一阶段，2009—2012 年。在这个阶段，国产快时尚扩张巅峰，代表品牌包括：美特斯邦威、森马、真维斯、以纯等；随后，国际快时尚品牌打开中国市场，代表品牌有：ZARA、H&M、优衣库等。

第二阶段，2012—2015 年。上述国际快时尚高速扩张，随之带来国产快时尚关店潮；同时，电商平台崛起，2012 年淘宝商城更名为天猫，"双11"成交额过百亿元。

第三阶段，2016—2019 年。国际快时尚增长乏力，比如 Forever 21 等国外品牌退出中国市场，网红淘品牌崛起，代表品牌有：韩都衣舍、吾喜欢的衣橱、钱夫人家、雪梨定制等。

在宁波，太平鸟最早在国内提出了"快时尚"概念，太平鸟将"快时尚"的理念融入销售渠道，通过"感知＋反应"，第一时间向消费者传达时尚信息。作为太平鸟的主打品牌——太平鸟女装有更潮流的定位、更迅速的更迭，曾登上纽约时装周，红遍半边天，2018 年又冲上中国女装 TOP 1 位置(见图 6-12)。

图 6-12　太平鸟女装广告

（2）新国潮

近年来，"新国潮"盛行，它是这个时代中国崛起、民族自信和文化认同的必然产物。

传统文化和经典元素,通过贴合当今时代审美的形式表现,是最受年轻人欢迎的"新国潮"。

拥抱"传统文化",尝试解锁中国几千年的传统文化,成了当代设计师的追求。

（3）运动风

受 2008 年北京奥运会的影响,随着运动健身的兴起,追求舒适休闲的盛行,运动风成为流行款。

在宁波,浙江牧高笛户外用品有限公司旗下"MOBI GARDEN 牧高笛"品牌是中国专业户外运动品牌之一,可以提供户外运动者在不同环境中所需的全套专业装备及服饰,倡导自然、挑战、快乐的户外运动生活方式,其深入人心的品牌理念赢得广大户外爱好者的青睐。

（4）慢生活

"慢生活"的概念和"乐活""环保"等生活概念都炙手可热。慢生活强调生活质量,注重优雅舒适。在着装上,追求面料的环保、舒适,比如绵软、透气的棉麻;款式自然、休闲、简洁,配色淡雅,甚至是简洁的黑白交织。慢生活风格元素多用牛仔、棉麻、百纳布等材料,常见服饰有帆布包、草编鞋包、印花长裙、长袍、民族风服装等。

为顺应"慢生活"理念,雅戈尔集团联合解放军原总后勤部汉麻研究中心于 2009 年创建"汉麻世家"服装品牌,汉麻世家产品以"自然、健康、艺术、品质"为品牌理念,将汉麻产品本身的功能性结合中国传统艺术元素,倡导一种简约、质朴的生活态度。

汉麻产品具有独特的环保、保健功能,手感柔软、穿着舒适;透气透湿、凉爽宜人;抗菌抑菌、保健卫生。

（5）无性别服装

无性别主义之所以被打上时代高光,是因为这个时代的年轻人有着一种打破偏见、追求自我的态度。随着社会的包容性、认知度的提高,青年人越来越自我,不再乐于趋同,而是希望个性化、张扬,服饰也被视为是追求自我和独一无二的体现。无性别穿搭是一种打破穿着刻板印象的代表。2018年,无性别服装正在顺应社会对于性别方面态度的转变,成为时尚趋势。

三、服装产业[①]

1."互联网十"引爆产业新增长点

一场互联网革命正深刻地影响着传统纺织服装行业。线上、线下的融合成为纺织服装行业新的发展方向。

宁波政府部门积极引导纺织服装企业"电商换市",推动宁波服装企业发展电子商务。智造、"互联网十"、新技术、新思维推进宁波纺织服装企业转型升级,在互联网平台,不仅进行 B2B、B2C、C2C、ABC、O2O、微销创新与应用,而且"智能制造"和"互联网"的融合贯穿于男装、女装、童装、休闲/户外/OEM、面辅料、服装机械等各个领域,宁波纺织服装与互联网、智能制造的融合应运而生,一大批纺织服装企业率先通过"十互联网",实现与电商跨界融合、精准营销。

2015年开始,雅戈尔充分应用大数据手段全面采集会员信息,进行全渠道营销。线上微商城、电商网站、社交媒体、手机终端移动社交、App 等平台与线下雅戈尔门店同步联动,跨平台、跨渠道、跨区域实现线上线下营销模式的无缝连接。用数字化包装渠道终端,让每一家店铺都变成企业敏锐的市场触手。

2015年,博洋、太平鸟、GXG、维科等龙头企业电商业务继续领跑国内同行,取得了良好业绩。

2.加快"走出去"步伐,提升产业国际化

大批宁波纺织服装企业实施"走出去"战略,积极开拓国际市场,取得了显著成效,国际化程度继续提高。

---

① 此部分材料由夏春玲老师提供。

随着国家"一带一路"倡议实施,作为"陆上丝绸之路"和"海上丝绸之路"连接点的宁波,港口条件优越,为境内企业"走出去"提供了坚实基础,并取得了显著成效。2015年,宁波全市处于正常经营状态的"走出去"企业264家,涉及境外投资额73.67亿元,对外投资分布44个国家(地区),其中涉及"一带一路"沿线国家15个。

东南亚是宁波市传统优势产业"走出去"主要目标地。雅戈尔、百隆、狮丹努、申洲、斯蒂等"走出去"的宁波市的纺织服装企业,利用当地相当低廉的人工、土地,在东南亚柬埔寨、越南、泰国建立了自己的生产基地,同时还有效规避了欧美市场对我国纺织品产品的贸易壁垒。继2005年在柬埔寨建立成衣基地,2013年9月,申洲集团又在越南启动面料工厂建设。2015年10月,面料厂第一期工程正式投产。与申洲一样,百隆东方在越南设立宁波园中园,2014年百隆越南工厂生产纱线达到44000吨,染色棉14400吨,累计年销售额6300万美元,带动进口4960万美元。雅戈尔集团投资了10亿元级别的越南工业园项目,将面料等产能投放到该园区。目前,除文莱和东帝汶外,宁波企业的"走出去"足迹已经遍布9个东南亚国家。

中东欧国家成为企业"走出去"新热点。至2015年,全市共在中东欧国家设立境外企业和机构2家,投资额1044万美元,同比增长28.5倍。

3. "两化"融合深入,工业化信息化先人一步

宁波是全国较早提出建设智慧城市的地区,在信息化与城市化融合方面推进了许多示范项目,取得了良好的成绩。宁波纺织服装企业普遍实现了办公系统的信息化,ERP信息管理系统与一系列在线监控方式的广泛使用,全面提高了企业现代化管理水平。特别是服装企业,正在逐步向综合集成方向发展,并延伸到设计、工艺和生产环节,利用大数据进行市场分析,将服装设计、工艺数据、生产管理的信息化管理系统整合,加快了产品设计步伐,增强了快速反应能力。雅戈尔、杉杉、太平鸟、博洋等都入选全国企业信息化500强的企业。

宁波市纺织服装企业积极推进生产自动化和智能化,通过"机器换

人",带来用工人数的持续下降。纺织服装"劳动密集型"的形象正悄然发生改变。

4. 展望

时至今日,21世纪已到第22个年头,全球进入"后疫情"时代。

宁波服装产业还有许多短板,比如高端人才缺乏、人才供给体系不完善、自主创新能力不足,同时还面临许多压力,如在经济"新常态"大背景下,经济减速调整、消费降级,综合成本持续攀升、环保任务艰巨等。同时我们也应该看到,宁波服装产业也面临发展机遇,包括国际化提供的机遇、"中国制造2025"带来的机遇、国潮复兴的机遇,国内经济转型带来的机遇等。所以我们有理由相信,从"红帮裁缝"到时尚名城,宁波装必将改变我们的生活。通过宁波服装人的努力,宁波必将从服装大市发展成为服装强市!

参考文献

[1]常建华.岁时节日里的中国[M].北京:中华书局,2006

[2]陈高华,徐吉军.中国服饰通史[M].宁波:宁波出版社,2002.

[3]陈国强.中国服装产业蓝本寓言:宁波服装观察[M].北京:中国纺织出版社,2008.

[4]陈万丰.中国红帮裁缝发展史(上海卷)[M].上海:东华大学出版社,2007.

[5]慈溪市博物馆.慈溪遗珍:慈溪市博物馆典藏选集[M].上海:上海辞书出版社,2008.

[6]戴尧宏.宁波金丝草帽出口史话[J].浙江工商,1989 (11).

[7]丁湖广.草编制品的工艺[J].农业工程实用技术,1985(2).

[8]冯盈之.汉字与服饰文化[M].上海:东华大学出版社,2008.

[9]冯盈之.古诗文中的传统节令服饰文化[J].东华大学学报(社会科学版),2009(2).

[10]华梅.服饰社会学[M].北京:中国纺织出版社,2005.

[11]华梅.中国近现代服装史[M].北京:中国纺织出版社,2008.

[12]季学源,陈万丰.红帮服装史[M].宁波:宁波出版社,2003.

[13]季学源,竺小恩,冯盈之.红帮裁缝评传[M].杭州:浙江大学出版社,2011.

[14]姜彬等.东海岛屿文化与民俗[M].上海:上海文艺出版社,2005.

[15]金皓.东钱湖南宋石刻的艺术特点初探[J].文物世界,2006(14).

[16]乐承耀.宁波古代史纲[M].宁波:宁波出版社,1999.

[17]乐承耀.宁波通史(清代卷)[M].宁波:宁波出版社,2009.

[18]李本侹.霓裳之真——宁波服装博物馆馆藏文物探识[M].宁波:宁波出版社,2017.

[19]李采姣.服饰上的心意民俗——论宁波童帽的特色[J].宁波大学学报(人文科学版),2007(3).

[20]李浙杭,赵晓亮.看变化·诉真情——宁波市纪念改革开放 30 周年优秀征文选[C],文学港杂志社,2009.

[21]林士民.再现昔日的文明——东方大港宁波考古研究[M].上海:上海三联书店,2005.

[22]刘玉堂,等.长江流域服饰文化[M].武汉:湖北教育出版社,2004.

[23]楼慧珍,等.中国传统服饰文化[M].上海:东华大学出版社,2003.

[24]陆顺法,李双.宁波金银彩绣[M].杭州:浙江摄影出版社,2015.

[25]吕国荣.宁波服装史话[M].宁波:宁波出版社,1997.

[26]茅惠伟.甬上锦绣:宁波金银彩绣[M].上海:东华大学出版社,2015.

[27]缪良云.中国衣经[M].上海:上海文化出版社,2000.

[28]宁波市档案馆.《申报》宁波史料集(七)[M].宁波:宁波出版社,2013.

[29]宁波市地方志编纂委员会.宁波市志[M].北京:中华书局,1995.

[30]宁波市地方志编纂委员会办公室,浙江省工程勘察院,宁波国土测绘院.宁波市情图志[M].哈尔滨:哈尔滨地图出版社,2011.

[31]宁波市文化广电新闻出版局.甬上风物:宁波市非物质文化遗产

田野调查[M].宁波:宁波出版社,2008.

[32]宁波市政协文史委员会.上海买办中的宁波帮[M].北京:中国文史出版社,2009.

[33]上海社会科学院经济研究所,等.上海对外贸易(1840—1949)[M].上海:上海社会科学院出版社,1989.

[34]沈从文.中国古代服饰研究[M].上海:上海书店出版社,2002.

[35]《石浦镇志》编纂委员会.石浦镇志(下)[M].宁波:宁波出版社,2017.

[36]史小华.传承浙东文化 弘扬创业精神——论宁波经济社会发展的文化动因[N].光明日报,2004-10-19.

[37]王静.中国的吉普赛人——慈城堕民田野调查[M].宁波:宁波出版社,2006.

[38]王以林,李本侹.红帮研究索引[M].宁波:宁波出版社,2016.

[39]王文章.第三批国家级非物质文化遗产名录图典(下)[M].北京:文化艺术出版社,2012.

[40]徐海荣.中国服饰大典[M].北京:华夏出版社,2000.

[41]严芸,刘华.余姚土布制作技艺[M].杭州:浙江摄影出版社,2016.

[42]杨成鉴.明州楼《耕织图》和摹本《蚕织图》[J].宁波服装职业技术学院学报,2004(1).

[43]杨大金.现代中国实业志(上)[M].北京:商务印书馆,1938.

[44]杨古城,龚国荣.南宋石雕[M].宁波:宁波出版社,2006.

[45]杨古城.南宋史氏祖像的绘制年代和冠服考[J].浙江纺织服装职业技术学院学报,2007(1).

[46]叶大兵.中国民俗大系——浙江民俗[M].兰州:甘肃人民出版社,2003.

[47]袁宣萍,徐铮.浙江丝绸文化史[M].杭州:杭州出版社,2008.

参考文献

[48]浙江纺织服装职业技术学院学报编辑部.季学源红帮文化研究文存[M].杭州:浙江大学出版社,2013.

[49]浙江省工艺美术研究所.绚丽多彩的浙江工艺美术[M].北京:中国轻工业出版社,1986.

[50]周时奋.风雅南塘[M].宁波:宁波出版社,2012.

风从海上来——宁波服饰时尚流变

后　记

　　现代散文大家梁实秋先生在《衣裳》一文中引法国著名作家法朗士的话,认为"妇女装束之能告诉我未来的人文,胜过于一切哲学家、小说家、预言家及学者"。在文章的结尾又强调:"衣裳是文化中很灿烂的一部分。"

　　"时尚"这个词的其中一个义项,就是"当时的风气和习惯,流行的风尚"。所以,时尚,尤其是妇女服饰时尚,确实能反映一个时代的政治、经济、文化等各方面的风貌;反过来看,时代的律动,影响着流行的风尚。

　　本书通过梳理宁波的时代变迁,来反映宁波服饰时尚的流变。古代部分主要以考古文物和遗存为中心,划分几个特征比较强的时代,以纺织业、服装加工等方面的研究,从侧面来反映当时的服饰情况;近、现代与当代部分,梳理宁波各历史时期的服饰现象、服饰时尚。

　　《宁波服饰时尚流变》是宁波服饰文化的经线部分,与本丛书中的《宁波传统服饰文化》即宁波服饰文化的纬线部分互为补充。希望通过我们的努力,为大家呈现宁波服饰文化纵横两方面的整体风貌,呈现宁波文化"灿烂的一部分"。从"红帮裁缝"到时尚名城,宁波服饰在改变我们的生活。

　　本书在编撰过程中,得到了奉化博物馆馆长王玮、副馆长林朝静的大力支持,得到了奉化区文化馆余彩彩、罗海英的热情帮助,为本书提供了区域代表性的图片;同事夏春玲、茅惠伟老师也提供了许多有价值的资料,特此表示感谢。

　　本书的出版得到了浙江纺织服装职业技术学院、奉化区文旅体局的支持,得到了浙江大学出版社的指导,在此一并感谢,并恳请读者多提宝贵意见。

冯盈之

2022 年 3 月于

浙江纺织服装职业技术学院

宁波市时尚研究基地

风从海上来——宁波服饰时尚流变